PRODUITS AGRICOLES ALIMENTAIRES

D'ORIGINE VÉGÉTALE

Groupe VII. — Agriculture et Horticulture

CLASSE 39

PRODUITS AGRICOLES ALIMENTAIRES
D'ORIGINE VÉGÉTALE

RAPPORT DE M. MAURICE LAUNAY

DOCTEUR EN DROIT
SECRÉTAIRE DU COMITÉ D'ADMISSION ET D'INSTALLATION DE LA CLASSE 39 (FRANCE)
RAPPORTEUR DE LA CLASSE 39

PARIS
LUCIEN LAVEUR, ÉDITEUR
13, RUE DES SAINTS-PÈRES (VIᵉ)

1906

CLASSE 39

COMPOSITION DU JURY

Bureau.

MM. **de Vilmorin Ph.**, secrétaire de la Société nationale
d'horticulture de France, à Paris. — Président...   *France.*

Damianoff B., négociant à Roustchouk. — Vice-
Président ....   *Bulgarie.*

Girardot Ernest. — Vice-Président ....   *Canada.*

Verryken Georges, négociant commissionnaire
en céréales à Anvers. — Secrétaire-Rapporteur :.   *Perse.*

Jurés titulaires.

MM. **Damseaux Adolphe**, professeur à l'Institut
agricole de l'Etat à Gembloux.................   *Belgique.*

Bourcier, président du Comice agricole de Souk-
Ahras, vice-président de la chambre d'Agriculture
de Constantine (Algérie).....................   *France.*

MM. **Hanffe Louis**, à Bruxelles....... *République Dominicaine.*

Ishiwara Sukekuma, Ingénieur agricole....... *Japon.*

Bakker G.-P., chef de la firme Bakker en Stuivinga, consul de Belgique à Groningue.............. *Pays-Bas.*

Dandelooy, malteur à Anvers.............. *Serbie.*

Marcotty J., meunier à Angleur........... *Serbie.*

Jurés suppléants.

MM. **Schreiber Constant**, Inspecteur de l'Agriculture ff. à Hasselt......................... *Belgique.*

Girard, maire de Salon à Salon (Bouches-du-Rhône) *France.*

Hirsch Alfred, houblons à Paris........... *France.*

INTRODUCTION

—

Les différentes industries, mettant à profit les découvertes de la science, ont pris, dans la seconde moitié du xıxᵉ siècle, un développement colossal.

Née la première, ayant à assumer la tâche essentielle de pourvoir à la subsistance des différentes races humaines qui se sont répandues sur la terre, l'agriculture ne pouvait demeurer étrangère à ce mouvement. Les progrès de la mécanique, de la physique, de la chimie et de la physiologie ont apporté, dans l'art de cultiver la terre, des modifications plus nombreuses que celles qu'avaient pu faire naître des siècles de labeur, en l'absence des sciences expérimentales. Les Dumas, les Boussingault, les Liebig, les Payen, les Chevreul, les Lawes, les Gilbert, les Joulie, etc....., en dégageant les lois fondamentales de l'agronomie, ont fourni les moyens d'enrichir les terres épuisées, par l'apport de matières fertilisantes proportionnées aux besoins de chaque culture.

Ces applications de la science à l'agriculture sont venues heureusement seconder les efforts des cultivateurs du vieux sol de l'Europe, au moment où, menacés par la production grandissante des nouveaux mondes, au sol encore vierge, ils devaient s'efforcer d'obtenir à meilleur compte des rendements plus considérables.

Le développement des moyens de transport, le percement de l'isthme de Suez ouvrant une route directe sur les Indes, la baisse continue du prix du fret, l'invention du télégraphe, permettant la transmission rapide des renseignements de toute nature, avaient, en effet, en rapprochant les peuples, fait du monde entier un seul marché, sensible aux moindres fluctuations des cours.

Cette évolution a été, depuis lors, en s'accentuant sans cesse et l'agriculture, à l'époque moderne, pour pouvoir vivre et se développer, doit être conduite, comme les affaires industrielles ou commerciales, à l'aide de tous les éléments nouveaux introduits dans la pratique des affaires par l'intensité de la vie moderne. L'agriculteur est obligé de se rendre un compte exact du rendement de la terre et des progrès réalisés chaque jour, dans la culture, chez les différents peuples. Il doit être renseigné, d'une manière précise, sur les transformations économiques qui créent ou qui déplacent les centres de production ou de consommation, de manière à régler en conséquence sa propre production et à profiter des marchés nouveaux qui viennent à s'ouvrir. Tout se tient, en effet, aujourd'hui, dans le monde et les nations ne sauraient vivre dans l'isolement, en s'ignorant les unes les autres.

Les Expositions universelles et internationales présentent l'avantage de rendre plus facile cette connaissance réciproque et d'établir, à des époques plus ou moins rapprochées, la situation de la production dans le monde. L'exposition de Liège, malgré de regrettables abstentions dans les groupes agricoles et horticoles, en a été une nouvelle preuve.

Nous nous efforcerons de faire ressortir, dans notre rapport, les enseignements qui se dégageaient de cette manifestation, en ce qui concerne les produits agricoles alimentaires d'origine végétale, figurant dans la classe 39. Après avoir jeté un coup d'œil d'ensemble sur cette classe, en mentionnant les pays qui y étaient représentés et en indiquant les récompenses qu'ils ont obtenues, nous esquisserons rapidement la situation actuelle de l'agriculture chez chacun d'eux, au point de vue spécial qui nous occupe. Nous signalerons, en même temps, l'intérêt que présentaient les expositions particulières auxquelles le jury a décerné les plus hautes récompenses.

PREMIÈRE PARTIE
COMPOSITION DE LA CLASSE 39. RÉCOMPENSES OBTENUES

—

La Classe 39 du Groupe VII [Agriculture] devait comprendre, d'après le programme d'organisation de l'Exposition, « Les Produits agricoles alimentaires d'origine végétale », ces produits étant répartis comme suit :

Céréales : froment, seigle, orge, riz, maïs, millet et autres céréales en gerbes ou en grains.

Plantes légumineuses : fèves et féveroles, haricots, pois, lentilles, etc.

Tubercules et racines : pommes de terre, betteraves, carottes, navets, turneps, etc.

Plantes saccharifères : betteraves, canne, sorgho sucré, etc.

Plantes diverses : café en grains, cacao, etc.

Plantes oléagineuses en tiges ou en graines. Olives, Huiles comestibles d'origine végétale.

Fourrages conservés ou ensilés et matières propres à la nourriture des bestiaux.

Les exposants de cette classe, dans toute l'Exposition, appartenaient à 19 pays.

Seules la Belgique et la France avaient édifié, pour abriter leurs expositions agricoles et horticoles, des pavillons spéciaux. Les produits des autres nations étaient disséminés au milieu du matériel et des produits de l'industrie générale et il fallait parcourir toute l'étendue des palais pour pouvoir se rendre un compte exact de l'importance des expositions agricoles.

L'Allemagne, la Hongrie, la Roumanie, les Etats-Unis, qui avaient organisé à Paris, en 1900, de si remarquables expositions, n'étaient pas représentées, malgré l'intérêt qu'aurait offert leur participation à la classe 39.

L'Autriche, la Grande-Bretagne, l'Italie, la Russie n'avaient envoyé qu'un petit nombre de produits.

Par contre, la France, l'Algérie, le Canada, la Belgique, la Bulgarie et la Serbie présentaient des expositions d'un réel intérêt.

Le nombre des exposants, dans chacune des nations participantes, se répartissait de la manière suivante :

Algérie	110	Chine	1	Maroc	1
Angleterre	2	Congo (Etat indé-		Pays-Bas	3
Autriche	1	pendant)	1	Perse	6
Belgique	4	France	20	République domi-	
Brésil	1	Italie	3	nicaine	11
Bulgarie	315	Japon	6	Russie	6
Canada	1	Luxembourg	1	Serbie	93

Soit, au total, 589 exposants.

Ce chiffre, qui correspond à la simple addition des numéros d'ordre d'inscription figurant au catalogue officiel, ne donne pas, d'ailleurs, une idée exacte du nombre d'exposants individuels dont le Jury a eu à apprécier les mérites. En effet, sous un seul numéro du catalogue figuraient des collectivités plus ou moins nombreuses et de composition variable suivant les pays, notamment en ce qui concerne l'Algérie, la France et la Bulgarie.

Il convient de remarquer, en outre, que le Canada, mentionné comme ne comptant qu'un seul exposant, présentait une exposition agricole des plus intéressantes organisée par son Gouvernement. De même, la Chine offrait aux visiteurs des collections réunies spécialement par les Directeurs des douanes des différentes provinces du céleste empire.

Les opérations du Jury ont eu lieu dans la première semaine d'août.

Le nombre des récompenses accordées a été de 332, se décomposant comme suit :

23 grands prix, 21 diplômes d'honneur, 106 médailles d'or, 76 médailles d'argent et 106 médailles de bronze.

Il convient, en outre, de faire remarquer que 4 exposants, par application de l'article 7 du règlement du jury, ont été mis hors concours, en leur qualité de jurés. Ce sont :

MM. Bakker en Stuivinga, à Groningue [Pays-Bas]; Girard (Auguste) à Salon (Bouches-du-Rhône) [France]; Hirsch frères, à Paris [France]; Vilmorin, Andrieux et Cie, à Paris [France].

Comme ces exposants auraient été certainement appelés, en raison de leur notoriété, à recueillir des récompenses, on peut dire que le nombre de celles-ci s'est élevé, au total, à 336.

Le tableau ci-dessous permet de se rendre un compte exact du nombre et de l'importance des récompenses obtenues par les différents pays.

PAYS	Nombre d'exposants	Hors concours	Grands Prix	Diplômes d'honneur	Médailles d'or	Médailles d'argent	Médailles de bronze	TOTAUX des RÉCOMPENSES
Algérie	110	»	3	2	21	34	42	102
Angleterre	2	»	2	»	»	»	»	2
Autriche	1	»	»	»	1	»	»	1
Belgique	4	»	1	1	2	»		4
Brésil	1	»	»	»	»	1	»	1
Bulgarie	315	»	1	13	57	15	»	86
Canada	1	»	1	»	»	»	»	1
Chine	1	»	1	»	»	»	»	1
Congo (État indépend. du)	1	»	»	»	1	»	»	1
France	20	3	8	2	4	1	»	15
Italie	3	»	»	»	1	1	1	3
Japon	6	»	2	2	1	»	»	5
Luxembourg	1	»	»	»	»	1	»	1
Maroc	1	»	»	»	»	1	»	1
Pays-Bas	3	1	1	»	»	1	»	2
Perse	6	»	1	»	2	2	»	5
République dominicaine	14	»	»	»	5	6	3	14
Russie	6	»	»	»	2	2	»	4
Serbie	93	»	2	1	9	11	60	83
Totaux	589	4	23	21	106	76	106	332

On voit que les exposants français qui se sont rendus à Liège ont obtenu les plus hautes récompenses. Trois ayant été mis hors concours comme membres du Jury, les autres ont remporté : 8 grands prix, 2 diplômes d'honneur, 4 médailles d'or et 1 médaille d'argent, affirmant ainsi à nouveau la haute supériorité de nos produits.

L'Algérie, qui peut être considérée comme la continuation de la France sur la terre d'Afrique, a remporté également le plus brillant succès avec ses 3 grands prix, ses 2 diplômes d'honneur, ses 21 médailles d'or, ses 34 médailles d'argent et ses 42 médailles de bronze.

Un certain nombre de récompenses ont, en outre, été attribuées aux collaborateurs. Le tableau suivant indique la répartition de ces récompenses par nations.

PAYS	Nombre de collaborateurs	Grands prix	Diplômes d'honneur	Médailles d'or	Médailles d'argent	Médailles de bronze	Totaux des récompenses
Belgique	5	»	1	2	2	»	5
Brésil	1	»	»	»	»	1	1
Bulgarie	2	1	1	»	»	»	2
Canada	1	1	»	»	»	»	1
Chine	1	1	»	»	»	»	1
France	14	»	»	2	9	1	12
Japon	5	»	2	3	»	»	5
Perse	5	1	1	2	1	»	5
Serbie	4	1	1	2	»	»	4
Totaux	38	5	6	11	12	2	36

Enfin, il a été décerné aux coopérateurs 5 médailles de bronze, dont 3 à la France et 2 à la Belgique.

Nous allons passer maintenant en revue, successivement, les différents pays qui avaient exposé dans la classe 39, en commençant par la France et l'Algérie.

Nous continuerons par les pays de l'Europe et nous terminerons par ceux de l'Asie, de l'Afrique et de l'Amérique.

DEUXIÈME PARTIE
FRANCE ET ALGÉRIE

FRANCE

1° EXPOSÉ GÉNÉRAL

La France, grâce à l'heureuse constitution de son sol, à la douceur de son climat, à la variété de ses produits, est un pays essentiellement agricole.

Sur une superficie totale, évaluée à 53.646.000 hectares, le *territoire non agricole*, qui comprend l'emplacement des villes et des villages, les voies de communication de toutes sortes, les lacs et les rivières, les rivages de la mer, etc..., occupe seulement 3.178.000 hectares, soit les 6 p. 100.

Le *territoire agricole* est évalué à 50.468.000 hectares, soit les 94 centièmes de la surface totale.

La superficie *cultivée* de ce territoire comprend 44.242.000 hectares, sur lesquels les cultures permanentes (bois et forêts, vignes, cultures arborescentes, cultures fourragères permanentes, cultures maraîchères permanentes et jardins) occupent 18.822.000 hectares et les cultures temporaires (céréales, cultures industrielles, cultures fourragères temporaires, cultures maraîchères de plein champ et jachères) une étendue de 25.420.000 hectares.

La superficie *non cultivée* du territoire agricole (landes, pâtis, bruyères, terrains rocheux, marécages et tourbières) comprend seulement 6.226.000 hectares.

La population de la France, évaluée en 1901 à 38.611.000 habitants, compte 17 millions de personnes vivant de l'agriculture.

Enfin, les capitaux que l'industrie agricole met en œuvre peuvent être estimés à 80 milliards de francs, soit 74 milliards pour le capital foncier et 6 milliards pour le capital d'exploitation.

L'agriculture française, en raison de son importance, qui ressort suffisamment des quelques chiffres que nous venons de donner, méritait d'être représentée à Liège d'une manière digne d'elle.

Pour la première fois dans une Exposition internationale, un palais spécial, heureusement situé au milieu de parterres fleuris dus à nos horticulteurs, lui avait été réservé. La classe 39, installée au rez-de-chaussée et au premier étage de ce palais, occupait une surface de 106 mètres carrés. Le Comité d'installation avait tiré le meilleur parti de cet espace trop restreint, vu l'importance que présentent pour la France les produits agricoles alimentaires d'origine végétale.

Parmi ces produits, les céréales tiennent la première place.

Céréales. — Les céréales couvrent 13.650.000 hectares, soit à peu près le tiers du territoire cultivé. La superficie qu'elles occupent a, toutefois, une tendance à diminuer depuis un certain nombre d'années, en raison du prix moins rémunérateur de leur culture.

La production en grains s'élevait, en 1902, à 264.957 milliers d'hectolitres, pesant environ 170.902 milliers de quintaux et représentant une valeur de 3.382 millions de francs et la production en paille était, à la même époque, de 298.611 milliers de quintaux, d'une valeur de 1.370 millions de francs.

La France occupe, pour la superficie consacrée à la culture des céréales, le quatrième rang, après les États-Unis, la Russie et l'Autriche-Hongrie. Elle se classe également au quatrième rang pour la production, après les États-Unis, la Russie et l'Allemagne.

FROMENT. MÉTEIL.— La superficie consacrée au froment, y compris l'épeautre ou blé vêtu, qui n'est cultivé qu'en très petite quantité dans le nord-est, a été, en 1904, de 6.528.893 hectares.

La production s'est élevée à 105.305.575 hectolitres, avec un rendement moyen en hectolitres de 16,13 à l'hectare. Grâce au progrès des méthodes culturales, le rendement tend d'ailleurs à s'accroître depuis un certain nombre d'années, tout en restant inférieur à celui de l'Angleterre, de la Hollande, du Danemark, de la Suède et de la Belgique.

La surface réservée au méteil, mélange cultural de blé et de seigle, se restreint de plus en plus, à mesure que la culture s'améliore. Elle s'est élevée, en 1904, à 153.719 hectares qui ont donné une production de 2.400.251 hectolitres.

Le tableau ci-après montre quelle a été l'importance de la culture du froment et du méteil, depuis 1900.

ANNÉES	FROMENT				MÉTEIL			
	SURFACES	MOYENNE par hectare	PRODUCTION TOTALE		SURFACES	MOYENNE par hectare	PRODUCTION TOTALE	
			Hectolitres	Quintaux			Hectolitres	Quintaux
	hectares	hectolitres			hectares	hectolitres		
1900.......	6,864,070	16.71	114,710,880	88,598,900	200,560	16.01	3,212,150	2,379,130
1901.......	6,793,783	16.12	109,573,810	84,617,540	196,745	15.43	3,037,100	2,259,380
1902.......	6,563,711	17.60	115,530,692	89,240,038	169,192	16.21	2,743,703	2,016,292
1903.......	6,478,728	19.81	128,385,530	98,784,618	160,688	17.81	2,766,035	2,038,424
1904.......	6,528,898	16.13	105,305,575	81,549,339	153,719	15.61	2,400,251	1,776,398

SEIGLE. — Cette céréale, plus rustique, croît dans les terrains pauvres. On la cultive sur les terrains granitiques du Limousin et de l'Auvergne, dans les sables de la Bresse et de la Sologne, sur les craies de la Champagne. La superficie occupée par le seigle diminue de plus en plus. Elle atteignait, en 1904, 1.272.465 hectares ayant produit 18.374.519 hectolitres, avec un rendement moyen de 14 hl. 44 à l'hectare.

L'Autriche-Hongrie, l'Allemagne et la Russie produisent cette céréale en quantité beaucoup plus grande que la France.

Orge. — La culture de l'orge est encore moins importante que celle du seigle et elle tend à diminuer d'une manière constante, tout en accusant une légère augmentation depuis quelques années.

Les ensemencements couvraient, en 1904, 704.683 hectares ayant produit 13.510.158 hectolitres, d'une valeur de 134.903.000 francs, à raison de 19 hl. 17 en moyenne à l'hectare.

La culture de l'orge pourrait être beaucoup plus développée. Cette céréale trouve en effet un débouché assez considérable dans la brasserie, surtout depuis que cette industrie a pris en France une grande extension et que nous arrivons à fabriquer des bières qui sont maintenant aussi appréciées du consommateur que les bières allemandes ou autrichiennes.

Les orges de France les meilleures pour la fermentation basse (bières façon Munich, Pilsen, Strasbourg) sont celles de l'Auvergne, du Gâtinais, de la Champagne et de la Beauce, qui sont semées en mars-avril et récoltées en juillet et, pour la fermentation haute (bières anglaises, bières du Nord), les escourgeons de la Beauce, de la Champagne, de la Vendée et du Poitou, qui sont semés en octobre pour être récoltés à la fin de juin.

Notre commerce d'exportation de cette céréale est très important ; l'Angleterre, la Belgique, l'Allemagne et la Suisse, où la consommation de la bière est plus développée qu'en France, ont une production d'orge inférieure à leurs besoins et viennent chaque année nous demander le complément qui leur est nécessaire et qu'on peut évaluer, en moyenne, à 350.000 quintaux.

Il y a lieu de constater, d'ailleurs, que la culture de l'orge prend une place de plus en plus grande en Allemagne, en Autriche, en Hongrie et en Russie. On ne peut que regretter qu'en France, au contraire, elle reste stationnaire.

L'importance de la production du seigle et de l'orge dans notre pays, depuis l'année 1900, ressort du tableau suivant :

ANNÉES	SEIGLE				ORGE			
	SURFACES	MOYENNE par hectare	PRODUCTION TOTALE Hectolitres	Quintaux	SURFACES	MOYENNE par hectare	PRODUCTION TOTALE Hectolitres	Quintaux
	hectares	hectolitres			hectares	hectolitres		
1900.......	1,419,780	14.71	20,889,000	15,087,592	757,193	19.01	14,394,320	9.194.230
1901.......	1,412,132	14.52	20,509,130	11,830,870	744,089	18.40	13,693,140	8.718.550
1902.......	1.331,755	12.45	16,580,719	11,598,338	693,914	21.30	14,782.516	9.478,860
1903.......	1,297,227	15.73	20,421,790	14,765,163	697,064	21.94	15,274,704	9,815,379
1904.......	1,272,465	14.44	18,374,519	13,378,728	704,683	19.17	13,510,158	8,579,621

Avoine. — Dans l'ordre d'importance des céréales, l'avoine vient immédiatement après le froment, en raison de la place qu'elle tient dans l'alimentation du cheval et de son peu d'exigence, tant au point de vue du climat que du sol. Elle occupait, en 1904, une superficie de 3.834.617 hectares, ayant donné une production de 90.852.212 hectolitres, à raison de 23 hl. 69, en moyenne, à l'hectare, comme il ressort du tableau ci-joint, donnant la production depuis 1900 :

ANNÉES	AVOINE			
	SURFACES	MOYENNE par hectare	PRODUCTION TOTALE Hectolitres	Quintaux
	Hectares	Hectolitres		
1900....................	3,941,420	22,40	88,309,920	41,413,450
1901....................	3,855,694	20,43	79,389,300	36,999,070
1902....................	3,832,134	25,46	97,596,081	46,403,504
1903....................	3,843,775	27,53	105,848,332	49,979,692
1904....................	3,834,617	23,69	90,852,212	42,224,757

Les Etats-Unis et la Russie sont les seuls pays ayant une production plus considérable.

Sarrasin. — Le sarrasin, ou blé noir, occupait, en 1904, une superficie de 523.244 hectares, et son rendement en grains a été de 6.287.040 hectolitres, avec un rendement moyen de 12 hl. 01 à l'hectare. Sa culture n'a d'importance qu'en Bretagne, en Normandie et dans les régions granitiques du Centre.

Seule la Russie produit cette céréale en plus grande abondance que la France.

Maïs et Millet. — Le maïs, ayant besoin, pour mûrir ses graines, d'une certaine dose de chaleur et d'humidité, n'est cultivé en grand que dans le sud-ouest de la France et dans quelques départements de l'est.

La superficie totale, occupée par la culture du maïs en 1904, était de 495.596 hectares et sa production en grains s'est élevée à 6.865.570 hectolitres, le rendement moyen à l'hectare étant de 13 hl. 85.

Les États-Unis, l'Autriche-Hongrie, le Mexique, l'Italie, la République Argentine, la Roumanie, la Russie, l'Egypte, la Bulgarie et le Canada produisent le maïs en bien plus grande quantité.

La culture du millet en France a peu d'importance. La superficie qui lui est consacrée n'est que de 29.000 hectares et sa production de 367.000 hectolitres.

Les tableaux suivants font connaître l'importance de la culture du sarrasin et du maïs depuis l'année 1900.

	SARRASIN				MAÏS			
			PRODUCTION				PRODUCTION	
				TOTALE				TOTALE
ANNÉES	SURFACES	MOYENNE par hectare	hectolitres	Quintaux	SURFACES	MOYENNE par hectare	hectolitres	Quintaux
	hectares	hectolitres			hectares	hectolitres		
1900........	602,581	13.54	8,163,627	5,114,117	541,191	14.17	7,831,660	5,702,120
1901........	601,324	14.83	8,918,140	5,625,200	547,086	17.00	9,300,836	6,824,528
1902........	560,641	15.95	8,942,672	5,788,563	502,612	17.47	8,784,469	6,389,237
1903........	553,489	18.27	10,116,490	6,379,850	504,628	17.81	8,936,644	6,531,968
1904........	523,214	12.01	6,287,040	4,024,282	495,596	13.85	6,865,570	5,031,521

La production des céréales en France est insuffisante pour nos besoins. Nous sommes obligés de nous adresser, chaque année, à l'étranger, dans des proportions qui varient suivant le rendement des récoltes.

Nos principaux fournisseurs de céréales sont : pour le blé, les Etats-Unis, l'Australie, la Russie, les Indes, l'Autriche-Hongrie et l'Algérie ; pour l'avoine, les Etats-Unis, la Russie et l'Algérie ; pour le maïs, les Etats-Unis, la République Argentine et la Roumanie ; pour l'orge, l'Algérie et la Russie.

Plantes légumineuses. Tubercules et racines. — LES LÉGUMINEUSES (haricots, pois, lentilles, fèves et féverolles) sont vendues soit comme légumes frais, soit comme légumes secs.

Ces cultures, en laissant de côté la production maraîchère, occupent environ 340.000 hectares et représentent une valeur de plus de 100 millions de francs.

En 1904, la production des légumes frais (haricots verts, petits pois, fèves en gousses) s'est élevée à 916.669 quintaux, d'une valeur totale de 25.684.976 francs.

La même année, en ce qui concerne les légumes secs, il a été récolté 940.846 quintaux de haricots, d'une valeur de 32.281.386 fr.; 386.023 quintaux de pois, d'une valeur de 10.891.355 francs ; 94.603 quintaux de lentilles, d'une valeur de 5.819.688 francs ; 880.888 quintaux de fèves, d'une valeur de 18.216.241 francs, et 533.293 quintaux de féverolles, d'une valeur de 10.314.133 francs.

La plus grande partie de ces légumes est consommée en France ; le reste est exporté principalement en Angleterre et en Allemagne.

LES RACINES ALIMENTAIRES (carottes, panais, raves, turneps) sont cultivées sur une superficie de 84.000 hectares et leur production est évaluée à 42 millions de francs.

LA POMME DE TERRE, dont on cultive de nombreuses variétés, prospère dans toutes les régions de la France. Elle tient une place importante dans l'alimentation générale. La superficie qu'elle occupe est d'environ 1.500.000 hectares, donnant une production de 120 millions de quintaux, dont une partie infime est destinée à la distillerie ou à la féculerie. Nos importations de pommes de terre varient de 3 à 5 millions de francs et nous viennent surtout de la Bel-

2

gique. Nous en exportons pour 10 à 15 millions, surtout en Angleterre.

Les Etats-Unis, l'Allemagne, la Russie et l'Autriche-Hongrie produisent ce tubercule en plus grande abondance que la France.

LE TOPINAMBOUR n'est cultivé que sur une étendue de 84.000 hectares, donnant 13 millions de quintaux.

LA BETTERAVE tient, dans la production agricole de la France, une place importante, non seulement par la superficie qu'elle occupe, mais par l'heureuse influence qu'elle exerce sur les autres cultures de l'assolement et, en particulier, sur celle du blé. Les fortes fumures, les binages répétés, les labours profonds qu'elle exige, en engraissant le sol, en le débarrassant des plantes adventices et en ameublissant la terre, permettent en effet d'obtenir, ensuite, de meilleurs rendements.

1° *Betterave à sucre*. — La culture de la betterave à sucre en France remonte à l'époque du Blocus continental, qui entravait les importations du sucre de canne dans nos ports.

Elle s'est, depuis lors, constamment développée. Antérieurement à 1884, la betterave étant vendue au poids, sans tenir compte de sa teneur en sucre, les variétés à grand rendement étaient surtout cultivées, contrairement à ce qui avait lieu dans les autres pays producteurs, notamment en Allemagne et en Autriche, où, en raison d'une législation spéciale, on s'était efforcé de produire des variétés riches en sucre.

Cette situation fut modifiée lors du vote de la loi du 29 juillet 1884, rendue nécessaire par la crise que subissait alors l'industrie sucrière française. D'après cette nouvelle législation, l'impôt ne fut plus basé sur la quantité effective du sucre produit, mais sur le poids des betteraves entrant dans l'usine et perçu d'après un rendement en sucre fixé par la loi. Ce rendement était inférieur en fait au rendement réel, et le sucre produit en excédent bénéficiait alors d'une exemption d'impôt qui constituait une prime indirecte. Nos cultivateurs se trouvaient ainsi incités à produire des betteraves d'une richesse saccharine plus élevée.

Quelques années plus tard, la loi du 7 avril 1897, en vue de favoriser l'écoulement à l'étranger de l'excédent de notre production sucrière, institua, à l'exemple de l'Allemagne et de l'Autriche, des primes directes à l'exportation des sucres indigènes.

Mais certaines nations, telles que la Roumanie, la Suède, l'Italie et l'Espagne, autrefois importatrices de sucre, étant arrivées à se suffire à elles-mêmes et plusieurs autres, en vue de défendre leur production nationale, ayant annihilé l'effet des primes soit par l'établissement de surtaxes sur les sucres étrangers, soit par la constitution de cartels, l'intérêt général commandait la suppression de ces primes. La convention signée à Bruxelles, le 5 mars 1902, entre l'Allemagne, l'Autriche-Hongrie, la Belgique, l'Espagne, la France, la Grande-Bretagne, l'Italie, les Pays-Bas, la Roumanie et la Suède, est venue réaliser cette réforme.

Conclue pour cinq années à partir du 1er septembre 1903, elle a décidé la suppression de toutes les primes, directes ou indirectes, accordées à l'industrie sucrière.

Comme conséquence de la ratification de la convention, la loi du 28 janvier 1903 a supprimé, en France, toutes les primes antérieurement accordées aux sucres destinés à l'exportation. Elle a, en même temps, abaissé les droits de consommation sur les sucres, en les fixant à 25 fr. par 100 kilos pour les sucres bruts et à 26 fr. 75 pour les sucres candis.

Depuis lors, dans le but également de développer la consommation du sucre, deux lois du 5 juillet 1904 ont accordé l'exemption des droits sur les sucres dénaturés, employés dans l'alimentation du bétail ou dans la fabrication de la bière.

Enfin, en vue de remédier à la situation particulière créée à la culture de la betterave par la nouvelle législation sucrière et d'assurer à la betterave un débouché nouveau dans les distilleries, diverses mesures ont été prises pour développer l'emploi de l'alcool dénaturé comme source de chaleur, de lumière et de force motrice. Grâce à ces dispositions, une quantité plus grande de betteraves pourra être transformée en alcool.

La superficie consacrée à la culture de la betterave sucrière a, d'ailleurs, une tendance à se restreindre ; mais, en raison de l'augmentation de la richesse saccharine des racines, la production du sucre n'a pas diminué. Cette superficie était, en 1904, de 202.922 hectares ayant donné 44.653.519 quintaux. Ces chiffres, toutefois, ne sont qu'approximatifs, une certaine quantité de betteraves sucrières étant envoyées, chaque année, à la distillerie ou inversement.

2° *Betteraves de distillerie.*—La distillerie emploie une assez grande quantité de betteraves ainsi que les mélasses issues de l'industrie sucrière. Le nombre d'hectares consacrés aux betteraves de distillerie est variable suivant les années. En 1904, il était de 44.133 hectares ayant produit 13.323.807 quintaux d'une valeur de 24.471.548 francs.

3° *Betteraves fourragères, rutabagas et navets fourragers, choux fourragers.* — La betterave fourragère était cultivée, en 1904, sur 594.235 hectares. Sa production a été de 150.065.651 quintaux, d'une valeur totale de 271.018.535 francs.

Les rutabagas et navets fourragers occupaient, la même année, 127.151 hectares ayant donné 19 millions de quintaux, représentant une valeur de 32.830.000 francs.

Les choux fourragers couvraient 212.054 hectares, avec une production de 58.447.477 quintaux d'une valeur de 77.132.422 francs.

Le tableau suivant fait ressortir quelle a été l'importance de la culture des pommes de terre, des betteraves sucrières et des betteraves fourragères depuis l'année 1900.

ANNÉES	POMMES DE TERRE			BETTERAVES FOURRAGÈRES			BETTERAVES A SUCRE		
	SURFACES	PRODUCTION totale	PRODUCTION moyenne par hectare	SURFACES	PRODUCTION totale	PRODUCTION moyenne par hectare	SURFACES	PRODUCTION totale	PRODUCTION moyenne par hectare
	hectares	quintaux	quint.	hectares	quintaux	quint.	hectares	quintaux	quint.
1900	1,509,898	122,541,230	81.45	492,013	110.288,160	224.15	320,617	85.861,510	260.48
1901	1,545,902	120,465,959	77.73	504,892	124,275,223	246.14	338.808	90.174.617	266.15
1902	1,458,246	111,870,763	76.71	533,613	138.216,149	259.01	252,592	62,833.314	248.75
1903	1,436,089	116,053,151	80.81	575,097	176,635,815	307.14	240,454	62,128,310	258.37
1904	1,478,733	122,752,848	83.01	594,235	150,065,651	252.53	202,922	44,653,519	220.05

La culture de la betterave sucrière dans le monde a fait de grands progrès depuis quelques années. En Europe, la France mise à part, elle couvre : en Russie 500.000 hectares, en Allemagne 412.000, en Autriche-Hongrie 300.000, en Belgique 44.000, en Hollande 34.000, en Suède 42.000, en Danemark 14.000. Elle a pris, en Italie, un grand développement dans la plaine lombarde, où elle occupe 30.000 hectares et elle gagne du terrain en Espagne depuis la perte de Cuba. Enfin la betterave commence à être cultivée dans différentes régions des Etats-Unis, sur 100.000 hectares environ.

Plantes Oléagineuses. — Les huiles comestibles sont tirées de l'œillette, de la navette, de la faîne, de la noix, de l'olive, qui croissent sur notre sol, et des graines de sésame, d'arachide, de palmiste, de coprah et de coton, qui proviennent de l'étranger.

La production nationale est, d'ailleurs, tout à fait insuffisante pour satisfaire aux besoins de notre consommation et de notre commerce.

OEILLETTE. — L'œillette n'est guère cultivée que dans l'Artois et la Picardie, où on lui consacre environ 6.000 hectares, donnant une production de 60.000 quintaux, dont la plus grande partie est exportée en Belgique.

NAVETTE. — La navette ne se trouve plus guère, comme plante oléagineuse, que dans la vallée de la Saône, où elle occupe 7.000 hectares donnant 37.000 quintaux.

L'HUILE DE FAÎNE. — Cette huile est extraite des fruits du hêtre, principalement dans les environs de Compiègne (Seine-et-Oise).

Sa production est de peu d'importance.

HUILE DE NOIX. — Le noyer, cultivé dans différentes régions, donne une récolte moyenne de 1 million de quintaux de noix, d'une valeur de 18 millions de francs, dont moitié pour l'huile et moitié pour les fruits consommés en nature.

OLIVIERS. — La culture de l'olivier en France est pratiquée uniquement dans la région méditerranéenne, comprenant les départements suivants : Alpes-Maritimes, Basses-Alpes, Aude, Ardèche, Bouches-du-Rhône, Corse, Drôme, Gard, Hérault, Pyrénées-Orientales, Var et Vaucluse. Elle était autrefois beaucoup plus étendue, mais elle a été, peu à peu, remplacée par des plantations de vignes ou de mûriers, plus rémunératrices. La surface complantée en oliviers, qui était, en 1866, de 152.000 hectares, n'est plus, actuellement, que de 120.000 hectares au maximum.

La pratique du gaulage pour la récolte des fruits, très répandue notamment dans le Var et les Alpes-Maritimes, en occasionnant des plaies, favorise le développement des maladies de l'arbre. La cueillette à la main, qui n'occasionne aucun dégât et ne fait pas tomber les brindilles qui porteront les fruits l'année suivante, est, à tous égards, préférable, mais beaucoup plus coûteuse.

La production moyenne des olives, dans le midi de la France, est évaluée à 1.138.000 quintaux, représentant une valeur de 20.900.000 francs; le plus souvent, on n'obtient d'ailleurs une bonne récolte que tous les trois ans.

Les olives sont, soit employées à faire de l'huile, soit confites.

L'huile d'olive comestible présente deux variétés : l'huile *fine* ou *surfine*, dite encore *huile vierge*, obtenue par une première pression à froid ; elle a toujours le goût de fruit ; l'huile *ordinaire* ou huile *échaudée*, qui est le résultat d'une seconde pression des tourteaux humectés avec de l'eau bouillante.

Une quantité assez importante d'olives, vertes ou noires, dont il est difficile d'évaluer l'importance, est vendue comme olives de conserve.

La production de l'huile d'olive en France est loin de suffire à nos besoins.

Outre la consommation de bouche, l'industrie des conserves de sardines et de thons, sur les côtes de Bretagne, en réclame, chaque année, 5 millions de kilogrammes. Une quantité importante d'huile d'olive industrielle, qu'on peut évaluer à 6 millions de kilogrammes, sert, en outre, au graissage des machines de la marine et à l'ensimage des laines.

La France importe, chaque année, de 15 à 20 millions de kilogr. d'huile d'olive. Les principaux pays importateurs sont : l'Italie, 2 à

4 millions de kilos, et l'Espagne, 3 à 5 millions de kilos. L'Algérie, bien en retard encore pour la culture de l'olivier et la fabrication de l'huile, nous envoie 2 à 4 millions d'huile d'olive de bouche, de qualité secondaire, et autant d'huile d'olive industrielle. La Tunisie, qui possède plus de 9 millions et demi d'oliviers, exporte en France une quantité plus forte, de qualité d'ailleurs supérieure, s'élevant de 8 à 10 millions de kilogrammes.

La création de plusieurs établissements français, tant en Tunisie qu'en Espagne ou en Italie, a puissamment contribué d'ailleurs, depuis un quart de siècle environ, à l'extension de la culture de l'olivier dans le bassin méditerranéen.

La France, d'autre part, exporte elle-même, chaque année, de 4 à 6 millions de kilogrammes d'huile d'olive, représentant une valeur de 4 à 5 millions de francs, notamment en Belgique, en Suisse, en Angleterre, en Allemagne, en Autriche-Hongrie, en Roumanie, aux Etats-Unis et dans les Colonies françaises.

HUILES DE GRAINES ÉTRANGÈRES. — Depuis un certain nombre d'années, les huiles de graines étrangères sont venues faire concurrence aux huiles d'olive.

Les huiles de sésame, d'arachide, de coprah ou de coco, de coton sont de plus en plus employées pour l'usage alimentaire, soit pures, soit mélangées aux huiles d'olive. La classe aisée les utilise surtout comme huile blanche à friture, réservant l'huile d'olive pour la salade ; mais la classe ouvrière, aussi bien en France qu'à l'étranger, les emploie à tous usages à cause de leur bon marché.

Ces huiles sont également très demandées par la Belgique et la Hollande, pour la fabrication de la margarine, qu'elles consomment et exportent en grande quantité.

De nombreuses usines, traitant les graines de sésame et d'arachide, se sont fondées en Belgique et en Allemagne, venant concurrencer nos industriels, qui n'ont pu conserver leur clientèle que grâce à la supériorité de leurs produits.

Les graines de sésame nous viennent de Jaffa (Syrie) et de Bombay (Indes anglaises). Celles d'arachide, de Ruffisque (Sénégal). Le fret pour l'apport de ces graines à Anvers ou à Hambourg n'est pas plus élevé que pour leur envoi à Marseille, ce qui rend, vu l'élévation des frais de transport par chemins de fer, nos exportations très difficiles.

2° EXPOSANTS

La participation de la France à l'Exposition de Liège, dans la classe 39, était particulièrement intéressante, non seulement par le nombre des exposants, qui s'élevait à 20, sans compter les divers membres de collectivités, mais surtout par la beauté et la perfection des objets exposés.

Le jury a rendu un juste hommage aux efforts de nos compatriotes, dont trois étaient classés hors concours comme membres du jury, en leur décernant 8 grands prix, 2 diplômes d'honneur, 4 médailles d'or et une médaille d'argent.

Le jury a, en outre, accordé aux collaborateurs 2 médailles d'or, 9 d'argent et 1 de bronze et, aux coopérateurs, 3 médailles de bronze.

Nous signalerons particulièrement les exposants qui ont obtenu les plus hautes récompenses, en commençant par ceux qui avaient envoyé à Liège soit des céréales, des plantes légumineuses, des tubercules et racines, notamment des betteraves sucrières, soit des plantes diverses et en terminant par ceux dont les vitrines renfermaient des produits oléagineux.

La Maison Vilmorin Andrieux et Cie présentait l'exposition de beaucoup la plus importante.

L'éloge de cette maison, dont la renommée est universelle, n'est plus à faire.

Fondée à Verrières, au commencement du siècle dernier, pour la production des graines de choix, elle a pris, particulièrement depuis 1870, sous l'habile direction de M. Henry de Vilmorin, un grand développement.

L'établissement de Verrières comprend de vastes constructions, destinées au séchage, au nettoyage et à la manutention des graines, et un enclos cultivé d'une trentaine d'hectares. Les cultures, des plus variées : céréales, plantes de grande culture, légumes, plantes de pleine terre, fleurs diverses, ont pour objet la production de graines sélectionnées avec le plus grand soin. Ces graines sont envoyées chez des cultivateurs de la maison, situés dans différentes régions, où elles sont semées et récoltées sous le contrôle des inspecteurs de la maison. Les terres ainsi ensemencées dépassent 6.000 hectares.

Les récoltes sont envoyées dans de vastes magasins situés à Reuilly et à Massy-Palaiseau. Avant d'être livrées au commerce, un échantillon de chacune d'elles est cultivé à l'établissement de Verrières avec d'autres échantillons de la même race, de manière à contrôler l'exacte conformité des graines. Vingt mille parcelles de terrains, représentant autant de lots de graines, sont affectées à ce contrôle.

Le domaine de Verrières comprend, en outre, des collections de végétaux vivants du plus haut intérêt, notamment une collection de pommes de terre, commencée en 1815 et comprenant actuellement 800 variétés, et une collection de froments où se trouvent réunies plus de 100 variétés distinctes. Des croisements habiles ont permis d'obtenir de nombreux hybrides, universellement connus aujourd'hui.

La Maison Vilmorin, Andrieux et Cie exposait une collection importante de céréales (blés, maïs, millets, seigles, orges) et de plantes légumineuses en gerbes et en grains.

Parmi les céréales se trouvaient tous les types des blés les meilleurs qui, à la suite de nombreuses expériences, ont donné les rendements les plus rémunérateurs, notamment les blés hybrides *lamed*, *dattel*, *trésor*, *gros-bleu*, *grosse tête*, *Massy*, etc., tous obtenus par la Maison Vilmorin. On remarquait également de belles collections de seigles, d'orges, de maïs, de millets, de sorghos, etc..., munies d'étiquettes explicatives portant, indépendamment des noms scientifiques et génériques, une indication sommaire de la culture, ainsi que le rendement approximatif à l'hectare.

Dans d'élégantes vitrines se trouvait toute une collection de moulages artistiques de racines, de fruits et de légumes : betteraves, carottes, céleris-raves, choux-navets, oignons, pois, pommes de terre, radis, stachys, topinambours, chicorées à café, etc... Une personne, ayant un de ces moulages entre les mains, pourrait se faire une idée absolument exacte de l'original représenté, non seulement quant à sa forme et à sa couleur, même dans ses moindres nuances, mais aussi quant à son poids lors de sa pleine maturité.

Parmi ces reproductions, il convient de signaler spécialement les magnifiques spécimens de betteraves sucrières, qui sont une des spécialités les plus remarquables de la Maison Vilmorin. L'amélioration de la betterave au point de vue de la richesse en sucre, commencée, en 1860, par M. Louis de Vilmorin, a été en effet, depuis lors, l'objet d'études incessantes dans le domaine de Verrières.

MM. Louis Dreyfus et Cie, auxquels le jury a décerné un grand prix, exposaient une collection remarquable de céréales en grains : blés, seigles, orges, maïs, etc.

Fondée en 1850 à Bâle par M. Léopold Dreyfus, sur des bases modestes, cette maison, après avoir transféré son siège successivement à Berne, à Zurich et enfin à Paris, a pris, depuis 1870, un développement colossal. Elle possède des succursales à Londres, Anvers, Berlin, Marseille, Gênes, Zurich, Barcelone et des comptoirs en Turquie, en Bulgarie, en Roumanie, en Russie, en Sibérie, en Perse, aux Indes, en Argentine, en Australie, etc..., soit, en tout, 283 établissements, sans compter les agences, sous-agences, comptoirs, beaucoup plus nombreux encore, comme essaimés autour de chaque installation principale.

La maison Dreyfus a construit, en outre, une véritable flotte, dont les steamers, spécialement aménagés pour le transport des céréales, sont éclairés à l'électricité jusque dans les cales, afin de permettre un travail continu de jour comme de nuit. Elle possède également des appontements, ou wharfs, destinés au chargement des navires et des magasins, d'une contenance totale de 200.562.500 quintaux métriques. Enfin, comme suite logique de l'intensité croissante de ses affaires, elle a créé son propre service de banque.

Le développement remarquable de cette maison s'explique par le principe nouveau sur lequel elle a basé ses opérations, à savoir l'élimination des intermédiaires. Ses acheteurs, aussi bien dans les steppes de la Russie que dans les pampas de l'Argentine, traitent directement avec le paysan. Pour la vente elle fournit, de même, directement le meunier, parfois jusque dans sa petite gare de province. Le sac de blé passe ainsi, sans changer de main, du champ où il a été récolté au moulin qui le transforme en farine.

Parmi les exposants de céréales, il convient de signaler également MM. Ricois et Camille Weill.

M. Ricois est propriétaire, à Moresville (Eure-et-Loir), d'un domaine de 470 hectares et de plusieurs fermes. Il s'y livre à la culture de semences sélectionnées, notamment à celle de l'avoine de Houdan, et produit des blés à grand rendement, des orges, betteraves, carottes, etc... Son champ d'expériences et de démonstration comprend 80 variétés de blés, 20 variétés d'avoine, 12 d'orges et 120 de pommes de terre.

Le jury lui a décerné, pour sa belle exposition, un diplôme d'honneur. Il avait déjà obtenu, en 1900, une médaille d'or.

M. Camille Weill, à Toury (Eure-et-Loir), exposait des orges et escourgeons de France (orges d'Auvergne, du Gâtinais, de Champagne, de Beauce, escourgeons de Beauce, de Champagne, de Vendée et du Poitou), des orges de semences (races pures de Svaloef, variétés de Hanna, de Prinzess, Chevalier II), des escourgeons et orges maltés.

Il s'est efforcé de produire des orges sélectionnées et aussi pures que possible, en vue d'obtenir des malts à qualité fixe, permettant la fabrication de bières d'un goût déterminé. Le jury a récompensé ses efforts en lui décernant une médaille d'or.

M. Albert Bouchon, qui avait été membre du jury et hors concours à l'Exposition de 1900, a obtenu, à Liège, un grand prix. L'éloge de son exploitation industrielle et agricole de Nassandres (Eure) n'est plus à faire.

Cette exploitation comprend trois parties bien distinctes : culture, sucrerie, raffinerie, mais si intimement liées qu'elles se complètent l'une par l'autre et sont entre elles dans une étroite dépendance.

La culture comprend six fermes, assez rapprochées les unes des autres et à une distance moyenne de 4 kilomètres de la sucrerie. Sur les 645 hectares de l'exploitation, 473 hectares, comprenant des terres profondes, reçoivent une culture intensive, avec un assolement triennal consistant en : 1° betteraves, 2° blé, 3° avoine ou orge ou féverolle, etc... Sur une centaine d'hectares, à sous-sol pierreux, on a créé des herbages permanents, plantés de pommiers à cidre et où paissent des vaches qui fournissent à leur tour du lait et du beurre.

Le bétail des fermes comprend 90 vaches laitières, 140 à 150 bœufs de travail, 1.200 à 1.500 moutons, d'octobre à mai, et environ 200 porcs, verrats, mères et jeunes.

Les engrais sont largement employés : citons d'abord les engrais verts tels que les fanes de betteraves, laissées sur le champ après l'arrachage et enfouies sur place, puis le fumier provenant du troupeau, répandu à la dose de 35.000 à 40.000 kilos par hectare pour trois ans, enfin les engrais chimiques (superphosphates, phosphates, nitrate de soude, sulfate d'ammoniaque, chairs ou sang desséchés, à la dose de 1.350 kilos, indispensables pour obtenir un rendement élevé en poids et une richesse saccharine suffisante. Tous ces engrais sont appliqués pour trois ans en tête de l'assolement, c'est-à-dire pour la récolte de betteraves ; les cultures ultérieures de céréales ne reçoivent pas d'engrais nouveaux.

Le matériel agricole est, non seulement très complet, mais très perfectionné.

Un véritable chemin de fer funiculaire relie la culture, située sur sur la colline, à la sucrerie, située dans la vallée. Sa longueur est de 300 mètres, avec une pente de 0 m. 26 par mètre ; la dépense d'eau est très faible quand on descend de fortes charges de betteraves pour ne remonter que des pulpes ou des écumes.

Le débardage des betteraves se fait mécaniquement.

Les wagons ou les chariots chargés qui arrivent à l'usine sont amenés sur un basculeur qui les incline sous un angle de 35° et les vide dans une trémie. De là, des wagonnets, entraînés par un câble sans fin, transportent les betteraves dans les silos. Ceux-ci peuvent contenir jusquà 12 millions de kilos de racines qui se conservent dans d'excellentes conditions.

Arrivées dans l'usine, les betteraves, lavées, puis pesées, passent dans deux coupe-racines qui alimentent deux batteries de diffusion, chacune de 11 diffuseurs de 40 hectolitres et disposés en deux lignes parallèles.

Les cossettes épuisées tombent à la partie inférieure des diffuseurs dans un caniveau en pente, d'où une chasse d'eau les envoie au pied de l'élévateur du système Skoda de Pilsen ; ceux-ci élèvent les cossettes en même temps qu'ils les pressent, l'eau sortant par les trous d'une tôle perforée.

Les pulpes évacuées tombent dans les chariots ou les wagons et vont servir à la nourriture des animaux.

Après la double carbonatation, des filtrations mécaniques répétées et la sulfitation, les jus passent à l'appareil à évaporer ; filtré et sulfité de nouveau, le sirop obtenu est enfin cuit en grain et turbiné ; on a alors du sucre de premier jet, blanc extra, qu'un transporteur à secousses et un élévateur conduisent à un granulateur où il est séché.

Travaillés à part, les égouts du turbinage sont épurés, puis cuits en grain pour donner encore du sucre blanc ; enfin, en troisième lieu, on retire encore des sucres roux de l'égout convenablement traité.

Tous ces sucres ne sont pas directement livrés à la consommation, mais travaillés de nouveau dans la raffinerie qui dépend de la sucrerie. On y trouve tout l'outillage nécessaire à la refonte des sucres, l'épuration de la clairce, la filtration mécanique sur le noir animal, la cuite en grains et la production du sucre en lingots, cassés ensuite en morceaux réguliers. Il n'y a plus alors qu'à procéder à l'encaissage ou à la mise en cartons pour l'expédition.

M. Bouchon exposait des mélasses et des sucres de son usine (sucre raffiné, sucre semoule, sucre poudre, sucre glace) et des produits agricoles divers de son exploitation.

M. Louis Brunehant, fabricant de sucre à Pommiers, près Soissons (Aisne), auquel le jury a également décerné un grand prix, exposait des vues de son exploitation agricole et des photographies des produits obtenus. Cette exposition était complétée par des tableaux de comptabilité, résumant toutes les dépenses effectuées pour chaque genre de récolte, afin d'en faire ressortir exactement le prix de revient.

Un graphique indiquait la production du sucre de canne et de betterave en Europe et aux colonies depuis 1870 ; il faisait ressortir, en même temps, la consommation mondiale, les prix mensuels et les stocks de ce produit à la fin de chaque année.

Les produits oléagineux, indigènes ou exotiques, étaient particulièrement bien représentés dans la classe 39. Le jury a reconnu l'excellence de ces produits, déjà hautement affirmée dans les expositions précédentes, en leur décernant, l'Algérie mise à part, cinq grands prix, un diplôme d'honneur, trois médailles d'or et une médaille d'argent.

Les huiles d'olive de Salon (Bouches-du-Rhône) occupaient une place importante.

Le commerce des huiles dans cette région remonte à 1875. La commune, essentiellement agricole, comptait alors seulement 6.000 habitants ; par suite du développement des affaires elle a presque doublé en 25 ans et, en 1901, date du dernier recensement, elle s'élevait à 13.000 âmes. Plus de 200 maisons, s'occupant de la fabrication et du commerce des huiles, se sont, en effet, fondées et leur marque est maintenant connue non seulement en France, mais en Europe, dans les colonies et en Amérique. Le chiffre d'affaires de

Salon qui, en 1875, atteignait à peine 2 ou 3 millions, s'élève actuellement à 80 où 100 millions.

La Collectivité salonnaise du Comité républicain du commerce et de l'industrie de Salon (22 exposants) comprenait la plupart des maisons importantes de la région.

Son exposition d'huiles d'olive douces lui a valu un grand prix.

M. Auguste Girard, également de Salon, qui avait remporté, en 1900, à Paris, un grand prix était hors concours comme membre du jury.

Cette maison, fondée sur des bases modestes, en 1885, n'a cessé de se développer. En 1895, le chiffre de ses affaires était de 500.000 francs ; il dépasse aujourd'hui 1 million.

Elle exporte ses produits principalement en Belgique, en Suisse et en Allemagne.

Les huiles de Salon étaient également représentées par **MM. Hilaire Fabre, père et fils**, qui exposaient, en même temps, des bouteilles d'huile de sésame et d'arachide. Cette maison, fondée en 1853, a été honorée d'une médaille d'or.

La Maison Auguste Gaillard et fils, de Marseille, qui avait déjà obtenu à Paris, en 1889 et en 1900, et à Saint-Louis une série de grands prix, a poursuivi ses succès en remportant de nouveau, à Liège, la plus haute récompense.

Cette importante maison, fondée en 1871 à Salon, installa en Tunisie, dès le début de l'occupation française, à Sousse, M'Saken, Djemal, Mokenine, Monastir, Mahdia des usines à vapeur avec presses hydrauliques et appareils nouveaux d'épuration pour débarrasser, dès sa sortie de la presse, l'huile d'olive des matières mucilagineuses qu'elle entraîne.

Grâce aux efforts de M. Auguste Gaillard, la culture de l'olivier, qui était entièrement négligée et ne donnait que des olives sauvages avec gros noyaux, se transforma complètement dans la région du Sahel tunisien, à tel point que les huiles d'olive de Tunisie ont remplacé presque totalement aujourd'hui les huiles italiennes sur le marché français.

Depuis lors, la maison Auguste Gaillard, en raison du développement de ses affaires, a transporté son siège à Marseille. Elle possède maintenant de nombreux comptoirs dans les pays de production et, depuis une dizaine d'années, elle a installé des succursales en Espagne : à Cordoue, Séville et Malaga. La succursale de Malaga produit principalement de l'huile d'olive industrielle qu'elle exporte en Amérique, dans les ports du nord de l'Europe et en Angleterre.

La Maison Garres-Fourché, fondée en 1760, est une des plus anciennes de Bordeaux. En raison de l'importance croissante de ses affaires, elle a créé depuis longtemps, pour ses approvisionnements et aussi pour certaines expéditions directes, une succursale à Nice, avec de vastes entrepôts, où les huiles sont mises en pile au moment de la récolte. Elle possède également des succursales en Italie, à Riviere de Gênes et à Bari pour ses achats d'huiles de qualité surfine, destinées à la conserve des sardines. Elle exporte principalement ses produits aux Etats-Unis, à New-York, Boston, Philadelphie, San-Francisco, etc.

Membre du Jury et hors concours en 1900, titulaire d'un grand prix à l'exposition de Saint-Louis, M. Garres-Fourché, qui exposait à Liège des huiles d'olive, remarquables par leur finesse et leur pureté, ainsi que des olives confites, a remporté de nouveau la plus haute récompense.

MM. Marchand frères, qui ont obtenu une série de grands prix : à Paris en 1889 et en 1900, ainsi qu'à Liège, sont à la tête d'une maison dont l'origine remonte à 1845.

Ses importations de graines oléagineuses qui, en 1860, étaient de 6.150.000 kilos se sont élevées, en 1900, à 43.680.000 kilos et, en 1904, à 45.220.000 kilos.

C'est la première qui ait importé dans le nord de la France les arachides du Sénégal, destinées à la fabrication des huiles de bouche.

Les établissements qu'elle occupe à Dunkerque couvrent 20.000 mètres carrés. Les usines, qui emploient 500 ouvriers, sont actionnées par cinq machines à vapeur d'une force totale de 625 chevaux.

Fonctionnant de jour et de nuit, elles triturent, par 24 heures, environ 150.000 kilos de graines, ce qui représente une production moyenne de 50.000 kilos d'huile et de 100.000 kilos de tourteaux.

Le jury a spécialement remarqué ses huiles de bouche et industrielles, extraites par pression, ses graines de colza et de pavot, ainsi que ses tourteaux de lin, de cocotier et d'arachide.

MM. Rocca, Tassy et de Roux exposaient les divers produits que l'on peut extraire de la noix de coco, notamment des huiles comestibles et industrielles, du beurre de coco, connu sous le nom de « Végétaline » et des tourteaux pour l'alimentation du bétail.

La Maison Rocca, Tassy et de Roux exploite quatre usines, dont trois à Marseille et une à Hambourg. Elle occupe 500 ouvriers et employés et ses ventes dépassent annuellement 20 millions de francs.

Ses usines triturent environ quatre cent mille quintaux de graines de coprah et palmistes et produisent, par an, 24 millions de kilos d'huile pour la savonnerie ou la fabrication du beurre de coco et 16 millions de tourteaux.

En 1901, cette maison a exporté 5.445.600 kilos d'huile de coco, soit les 83 0/0 de l'exportation totale.

Grâce à des procédés nouveaux d'épuration de l'huile de coprah, qui, à l'état naturel, possède un goût âcre et une odeur désagréable, MM. Roca, Tassy et de Roux ont créé en France une industrie nouvelle, celle de la fabrication des beurres de coco comestibles.

Le beurre de coco, qu'ils livrent à la consommation, se présente sous l'aspect de graisse onctueuse, d'une blancheur parfaite, d'une saveur agréable et d'une odeur fine.

Cette fabrication absorbe, en moyenne, 8 millions de kilos d'huile de coco par an, ce qui représente un débouché nouveau pour la noix de coco d'environ cent soixante mille quintaux métriques par an. Depuis la création de cette industrie, le prix moyen du coprah est monté de 30 francs à 40 francs les 100 kilos.

La noix de coco nous provient principalement de Manille, de Ceylan et de Singapore. Il est regrettable que nos colonies de

l'Indo-Chine, de la Nouvelle-Calédonie, de Madagascar, du Daho-
mey et de la Côte d'Ivoire, où le cocotier pourrait être exploité,
n'aient pas une part prépondérante dans nos importations de coprah. D'importantes plantations de cocotiers, faites ces dernières
années, nous permettront sans doute, bientôt, de nous libérer de la
production étrangère.

On peut exprimer également le regret que le beurre de coco, ali-
ment sain et bon marché, ait parfois servi à des industriels peu
scrupuleux pour pratiquer la fraude des beurres, jetant ainsi un
discrédit sur un produit essentiellement recommandable en lui-
même.

Signalons encore, parmi les exposants de produits oléagineux, **La
Société des huiles d'olive de Nice**, qui exposait une série de
bouteilles d'huile d'olive pure et qui a obtenu un diplôme d'honneur,
la **Maison Sage, Dausse et Cie**, de Bordeaux, à laquelle il a été
décerné une médaille d'or. Cette maison, de création récente, a vu se
développer sans cesse ses affaires. Lors de sa fondation, en 1900, elle
n'exportait que quelques milliers de kilogrammes d'huile. Aujour-
d'hui, son exportation s'élève, chaque année, à 500.000 kilogrammes.

M. Paul Michonneau, à Arras, qui a obtenu également une
médaille d'or pour son exposition de graines oléagineuses, d'huiles
et de tourteaux.

Enfin **M. Albert Battle**, à Ille-sur-Tet (Pyrénées-Orientales),
qui a reçu une médaille d'argent.

ALGÉRIE

EXPOSÉ GÉNÉRAL

L'Algérie comprend trois régions bien distinctes : le désert, parsemé d'oasis, où pousse le dattier ; les hauts plateaux, couverts d'une herbe courte et d'alfa ; le Tell, comprenant les plaines qui s'étagent de l'Atlas à la Méditerranée. Seul, le Tell jouit d'un climat favorable à la culture.

Sur une superficie totale de 47.867.000 hectares, les terres non cultivées, y compris l'emplacement des villes, villages, lits des cours d'eau, etc..., occupent 41.839.000 hectares, les forêts 2.626.000 ha. et les terres cultivées 3.402.000 hectares, dont 2.571.000 appartenant aux indigènes et 831.000 aux colons.

La population musulmane s'élève à 4 millions, et la population européenne à 640.000 habitants.

L'Algérie est, avant tout, un pays de production agricole. Les principales cultures sont les céréales, la vigne, dont nous n'avons pas à nous occuper ici, l'olivier, les fruits et les primeurs.

Les Céréales constituent la culture dominante. Elles couvrent une étendue de 2.940.000 hectares, produisant en moyenne, 20 millions de quintaux, qui représentent une valeur d'environ 300 millions de francs. Le progrès des méthodes culturales permettra d'obtenir un rendement supérieur, qu'on peut évaluer à 30 ou 35 millions de quintaux.

Les deux céréales les plus cultivées sont le blé et l'orge.

Le blé occupe environ 1.400.000 hectares, dont 230.000 pour le blé tendre et 1.170.000 pour le blé dur.

Le blé tendre, qui se plaît surtout dans les terrains calcaires ou siliceux, est plus particulièrement cultivé dans le département d'Oran notamment à Sidi-Bel-Abbès et à Mostaganem, dans la région de Philippeville et dans la Mitidja. Son cours se maintient entre 20 et 23 francs le quintal.

Le blé dur algérien rivalise avec les marques les plus réputées de la Russie méridionale. Les régions de Médéa, les plateaux de Sétif, la plaine du Chéliff produisent les plus beaux semouliers du monde. L'industrie des pâtes alimentaires et des biscuits, qui a pris un grand développement en France, depuis quelques années, assure à cette céréale un débouché important. Aussi son cours se maintient-il entre 18 et 22 francs le quintal.

L'ORGE est la céréale la plus cultivée ; la superficie qui lui est consacrée atteignait, en 1903, 1.426.000 hectares. La seule variété qui réussisse est l'escourgeon ou orge d'hiver.

Les indigènes lui consacrent 1.250.000 hectares et consomment la presque totalité des 7.000.000 de quintaux qu'ils produisent, cette céréale servant à la fois à l'alimentation des personnes et du bétail.

Au contraire, la plus grande partie de la récolte des colons, s'élevant à 1.163.000 quintaux, est destinée à l'exportation. Les qualités de choix sont recherchées pour la brasserie en France, en Belgique et en Angleterre ; aussi cette culture semble-t-elle appelée à un grand avenir.

Les autres céréales qu'on rencontre en Algérie sont l'avoine, le maïs, le bechna, le seigle et le millet.

L'AVOINE progresse d'une manière constante. La superficie qui lui est consacrée est passée de 44.000 hectares, en 1889, à 131.000 hectares en 1903, donnant une production de 1.157.000 quintaux. La variété la plus cultivée est l'avoine blanche d'hiver qui croît dans les plaines du littoral. L'avoine grise se plaît, au contraire, dans les hauts plateaux. Les cours varient de 12 à 15 fr. le quintal.

La France important en moyenne, chaque année, 1 million de quintaux d'avoine, cette céréale peut trouver dans notre pays un large débouché.

Le maïs occupe environ 12.000 hectares, avec une production moyenne de 110.000 quintaux.

Le bechna ou Sorgho noir, qui sert à l'alimentation de l'indigène, couvre 27.000 hectares donnant 188.500 quintaux.

Le millet et le seigle sont peu cultivés ; 2.000 hectares sont consacrés au premier, et 250 hectares seulement au second.

Le tableau suivant montre quelle a été l'importance de la culture des différentes céréales en Algérie dans les dernières années.

DÉSIGNATION DES RÉCOLTES	SURFACES CULTIVÉES			PRODUCTION TOTALE		
	1902	1903	1904	1902	1903	1904
	hectares	hectares	hectares	quintaux	quintaux	quintaux
Blé tendre........	218,008	237,877	253,330	1,793,499	1,792,034	1,590,945
Blé dur..........	1,168,962	1,179,721	1,061,402	7,431,709	7,470,645	5,344,732
Seigle...........	321	254	4,298	2,360	2,275	22,621
Orge...........	1,439,450	1,426,513	1,267,256	10,131,581	8,381,602	7,865,292
Avoine..........	120,450	131,078	118,587	1,267,486	1,157,746	962,426
Maïs...........	15,185	12,797	11,865	141,170	110,396	99,236
Bechna..........	28,911	27,084	25,317	205,049	188,584	133,429
Millet...........	560	2,483	686	2,460	6,059	5,876

Cultures arbustives. — Oliviers. — L'olivier croît spontanément en Algérie dans presque toutes les régions, mais il se plaît plus particulièrement sur les collines d'une altitude de 300 à 600 mètres.

Sa culture s'est considérablement développée depuis quelques années.

En 1903, les oliviers en rapport dépassaient 6.000.000 et fournissaient environ 375.000 hectolitres d'huile, d'une valeur moyenne de 24 millions de francs. La multiplication se fait par bouturage, les arbres étant espacés de 10 mètres, ce qui donne une centaine d'arbres à l'hectare.

Les plantations, composées autrefois presque exclusivement d'espèces inférieures, se sont grandement améliorées dans ces dernières années, de même que les procédés de fabrication de l'huile, sans atteindre encore, toutefois, la perfection qu'on rencontre en Tunisie.

La pratique de la récolte à la main des olives, en usage dans ce dernier pays, tend également à se substituer, en Algérie, à celle du gaulage, toujours dangereuse pour les arbres.

La France consommant, tous les ans, en sus de sa production propre, une moyenne de 9 à 10 millions de kilos d'huile d'olive, dont 3 à 4 millions proviennent de l'étranger, on voit que des débouchés importants pourront s'ouvrir dans la Métropole aux huiles d'olive d'Algérie et de Tunisie, sans compter les marchés de l'Europe ou de l'Amérique, où elles pourront trouver également une clientèle nombreuse.

Indépendamment de la fabrication de l'huile, l'industrie des conserves d'olives a pris, depuis quelques années, un certain développement. Les variétés les plus intéressantes à ce point de vue sont d'abord les grosses olives indigènes, l'Adjeraz, le Bouchouk, l'olive de Tlemcen, la Tefah et l'olive de Lucques, qu'on rencontre à Aïn-Tédelès.

Le plus souvent, les olives confites sont des olives vertes, non encore parvenues à l'état de maturité.

Il est regrettable que la fabrication des conserves d'olives noires, mûres ou demi-mûres, ne soit pas plus développée, les olives noires étant les plus demandées, non seulement en Algérie, mais dans le midi de la France, ainsi que, d'une façon générale, en Europe et en Amérique.

Figuiers. Dattiers, etc. — Les figuiers, dont les plus beaux spécimens se rencontrent dans la Kabylie, sont, après les oliviers, la principale culture fruitière de l'Algérie. Cette colonie a exporté, en 1902, 11.675.000 kilos de figues.

Le dattier est la grande richesse des oasis sahariennes ; on en rencontre près de 3 millions de pieds.

Les orangers, les mandariniers, les citronniers, les cédratiers, les bananiers, les grenadiers, les amandiers occupent également une place importante.

Primeurs et légumes. — La culture des primeurs est une des grandes ressources du littoral, au voisinage des ports.

La pomme de terre est cultivée surtout en vue de l'exportation. Elle occupe 13.000 hectares, produisant 500.000 quintaux. La variété la plus répandue est la pomme de terre de Hollande ou « Royale Kidney ». Elle atteint, au commencement du printemps, sur les marchés de France, 25 à 40 fr. le quintal.

La « saucisse rouge », variété d'arrière-saison, expédiée en petite quantité à Marseille, est principalement destinée à la consommation locale.

Légumes frais. — Sous la dénomination de légumes frais, l'Algérie exporte, surtout comme primeurs, des haricots verts, des petits pois, des artichauts et des tomates. Cette exportation a doublé en quatre ans. Elle a été, en 1902, de plus de 95.000 quintaux.

Les variétés de haricots les plus recherchées sont : le noir ordinaire, la mouche à l'œil, le flageollet noir à longues cosses. Les prix sont très variables; ils atteignent, à Paris, qui est le marché le plus important, 200 à 250 francs les 100 kilos. La production est, en moyenne, de 21.000 quintaux.

Les petits pois atteignent une production annuelle plus élevée et qu'on peut estimer à 55.000 quintaux. Les principales variétés cultivées comme primeurs sont : le Prince Albert, la Merveille d'Amérique et la Merveille d'Angleterre. Les prix, à Paris, Lyon et Marseille, varient de 50 à 75 centimes le kilogramme.

L'artichaut pour l'exportation est cultivé aux environs d'Alger, principalement le gros vert de Laon et le violet hâtif de Provence.

La culture de la tomate n'a commencé à prendre de l'importance que depuis quelques années seulement. Les prix de vente en France varient de 90 à 160 francs les 100 kilos.

Légumes secs. — Les légumes secs prennent sans cesse, en Algérie, une plus grande importance. La culture la plus répandue est celle des fèves, qui occupent 29.000 hectares, avec une production moyenne de 220.000 quintaux.

Les colons cultivent de préférence la grosse fève (fève violette dite mahonnaise, fève des marais, fève julienne, fève de Windsor) et les indigènes plutôt la petite fève (fèves de Mascara).

EXPOSANTS

L'Algérie, qui avait à Liège un pavillon spécial installé au parc de la Boverie, tenait une place importante dans la classe 39. Elle exposait principalement ses céréales et ses huiles d'olive. Le jury a tenu à reconnaître d'une manière toute spéciale l'excellente qualité de ces produits, en décernant, aux 110 exposants, 102 récompenses, dont 3 grands-prix, 2 diplômes d'honneur, 21 médailles d'or, 34 médailles d'argent et 42 médailles de bronze.

Plusieurs comices, sociétés ou syndicats présentaient d'ailleurs des expositions collectives.

La fondation de ces différentes associations présente une grande importance pour le développement économique de notre colonie. Ils permettent, grâce au groupement des produits d'une région, d'en certifier la pureté et d'en faciliter la vente, par la recherche de marchés nouveaux.

Les trois grands prix que le jury a décernés ont été attribués au Syndicat des colons d'Akbou et des oléiculteurs de Kabylie, au Comice agricole de Souk-ahras et à MM. Paul et F. Berr frères.

Le Syndicat des Colons d'Akbou et des oléiculteurs de Kabylie a été fondé, il y a quelques années, en vue de réprimer les fraudes qui étaient particulièrement préjudiciables au commerce des huiles d'olive de Kabylie. Il a apporté, en même temps, des améliorations notables dans la culture des oliviers et dans la fabrication de l'huile, en favorisant le remplacement des anciennes presses à bras par des presses hydrauliques ou, tout au moins, par des presses à mouvement continu et à grande pression.

Ce Syndicat, représenté par 13 exposants, avait envoyé à Liège des huiles d'olive qui se faisaient apprécier par la finesse de leur goût.

Le Comice agricole de la région de Souk-ahras (Départ. de Constantine), représenté par 27 de ses membres, avait organisé, sous les ordres de son président, M. Léon Bourcier, une très belle exposition de céréales diverses : orges, blés, seigles, avoines, maïs, etc...

Les orges, de qualités bien blanches, étaient particulièrement remarquables.

MM. Paul et F. Berr frères, d'Oran, exposaient également des céréales et, en particulier, des orges de première qualité très recherchées en Belgique pour la brasserie.

Les huiles d'olive du **Comice agricole de l'arrondissement de Bougie** (Constantine), les produits des fermes de la Société « **La Colonisation française** », à Oran, ont également attiré l'attention du jury, qui leur a décerné des diplômes d'honneur.

Citons enfin les expositions de : **Mme A. Belon** à Saint-Denis-du Sig (Oran), de la **Société d'agriculture du département de Constantine** et des **Comices agricoles** de **Batna**, de **Bône**, de **Boufarik**, de **Guelma**, de **Philippeville** et de **Sétif**, qui ont obtenu des médailles d'or.

EUROPE

ANGLETERRE

L'Angleterre ou, plus exactement, le Royaume-Uni de Grande Bretagne et d'Irlande, sur une surface totale de 31.355.419 hectares, ne possède que 19.237.813 hectares consacrés à la culture. Elle tend, de plus en plus, à devenir un pays d'élevage et les pâturages se développent au détriment des céréales. L'humidité de son sol et l'emploi rationnel des engrais permettent, d'ailleurs, d'obtenir des rendements élevés.

Le BLÉ, qui couvrait, en 1875, 1.469.000 hectares, n'en occupe plus, actuellement, que 568.000 et le rendement total, qui était, en 1875, de 34.600.000 hectolitres est tombé à 13.780.000 hectolitres. Par contre, les rendements à l'hectare ont passé de 23 à 28 hectolitres. La récolte, pour 1905, est évaluée à 19.230.000 hectolitres.

Pour L'ORGE, la surface cultivée a fléchi, de 1886 à 1904, de 924.000 à 808.000 hectares et sa production de 27.800.000 à 22.700.000 hectolitres. La récolte, pour 1905, est évaluée à 21.023.000 hectolitres.

L'étendue couverte par L'AVOINE, après avoir également fléchi, tend à se relever. De 1.729.000 hectares en 1886, elle était tombée à 1.629.000 en 1889, pour atteindre actuellement 1.752.000. La récolte, pour 1905, est évaluée à 52 millions d'hectolitres.

L'Angleterre et l'Irlande produisent des légumes en abondance. Les POMMES DE TERRE, notamment, sont semées sur 480.900 hectares, donnant une production de 63.299.000 quintaux.

La production agricole de l'Angleterre est loin de suffire à ses besoins et elle est obligée de s'adresser : pour ses fournitures de blé aux Etats-Unis, à la République Argentine, au Canada, aux Indes et à la Russie; pour ses fournitures d'orge à la Russie, aux Etats-Unis, à la Roumanie et à l'Allemagne; pour ses fournitures de légumes et primeurs à la France, à l'Allemagne et à la Belgique.

L'Angleterre n'était représentée, dans la classe 39, que par deux exposants seulement: la maison « **Spratt's patent limited** », qui avait envoyé divers produits, notamment des gâteaux pour les chiens et des farines pour les volailles; la maison « **Lipton limited** », également de Londres, qui occupe plus de mille personnes et est universellement connue.

Ces Sociétés, qui avaient obtenu, à Chicago, à Paris et à Saint-Louis, des grands prix, ont également recueilli, à Liège, les récompenses les plus hautes.

AUTRICHE

L'Autriche, située au centre de l'Europe, a un climat très varié d'une région à l'autre.

Sur une superficie totale de 30 millions d'hectares, 17 millions seulement sont occupés par les cultures. La terre, généralement fertile, est soumise, le plus souvent, à un assolement de six ans: seigle, avoine, froment, betteraves ou pommes de terre, trèfle.

Parmi les CÉRÉALES, le seigle est la plus cultivée, elle occupait, en 1904, 1.926.401 hectares; puis viennent, l'avoine 1.821.697 hectares, l'orge 1.184.258, le blé y compris l'épeautre 1.119.257, le maïs 338.415, le sarrasin 156.551, le millet le sorgho et le riz ensemble 62.000. Le rendement par hectare est, en moyenne, de 19.3 hectolitres pour l'avoine, de 18 pour l'orge et de 14 pour le froment et le seigle.

Afin de satisfaire aux demandes croissantes de la brasserie, la culture de l'orge se développe de plus en plus depuis quelques années, particulièrement en Bohême et en Moravie, où cette céréale est principalement produite pour l'exportation. Les variétés les meilleures sont : la Hanna, qui se recommande par sa précocité et sa fécondité, et la Chevalier.

LA BETTERAVE est également très cultivée, en raison de l'importance spéciale de l'industrie sucrière. La betterave à sucre couvrait, en 1904, 217.919 hectares, ayant produit 40.719.519 quintaux.

Les POMMES DE TERRE et les cultures maraîchères sont principalement répandues dans le nord de l'Autriche ; la pomme de terre à elle seule était ensemencée, la même année, sur 1.277.142 hectares et la production s'est élevée à 108.399.000 quintaux.

Le jury a décerné une médaille d'or à **M. Czapka**, propriétaire, à Eisgrub (Moravie méridionale), d'une importante maison fondée en 1807 et réputée pour l'excellence de ses produits. L'orge précoce d'Eisgrub jouit d'ailleurs, sur les divers marchés, d'une réputation justifiée. Elle est exportée chaque année, en quantités considérables, en Angleterre, en Allemagne, en Hollande et en Belgique.

BELGIQUE

Le territoire de la Belgique mesure une superficie totale de 2.946.000 hectares, sur lesquels le domaine agricole occupe 2.600.000 hectares, y compris les bois et les forêts pour 500.000 hectares, et les terrains incultes pour 460.000 hectares. Son climat est généralement tempéré.

Sur une population de 6.600.000 habitants, 1.200.000 personnes se livrent aux travaux des champs.

La Belgique est, avant tout, un pays de petite culture. Les exploitations de plus de 100 ou même de 30 hectares sont extrêmement rares. La plupart n'atteignent pas 10 hectares et plus du tiers des agriculteurs belges possèdent moins de deux hectares. Le sol est généralement cultivé par le propriétaire ou par sa famille ; la main d'œuvre étrangère, quand on en a besoin, est d'ailleurs bon marché

Attaché à son lopin de terre et âpre à la tâche, le paysan belge cultive son champ comme un jardin, en y appliquant tous les perfectionnements de la culture intensive ; le capital d'exploitation atteint fréquemment 1.000 et même 1.500 francs à l'hectare. C'est ainsi que la terre de Flandre, malgré son sol sablonneux, est devenue une des plus productives de l'Europe, tant au point de vue de la variété que de la perfection des cultures.

Ce mode d'exploitation explique l'augmentation considérable que l'on constate dans les rendements de la plupart des plantes cultivées.

Ainsi le rendement moyen par hectare, exprimé en quintal, qui était, pour le froment, en 1846, de 14, 3, s'élevait, en 1895, à 19, 3 et atteint actuellement 23, 5. Aux mêmes époques ce rendement a passé : pour le seigle, de 13, 3 à 17, 9, puis à 21, 8 ; pour l'avoine de 14, 0 à 17, 6, puis à 25, 3.

La crise agricole, qui s'est manifestée, depuis 1875, en Belgique comme dans la plupart des pays d'Europe, a amené des modifications importantes, dans la répartition des cultures. En raison de l'avilissement du prix des grains, la culture des céréales a diminué dans une proportion importante, tandis que celle des plantes fourragères s'est notablement étendue, par suite de l'importance prise par l'exploitation du bétail.

Les céréales les plus répandues sont l'avoine et le seigle, puis le blé, l'orge et le sarrasin. La production est loin de suffire aux besoins des habitants.

La culture de l'*avoine* a subi une augmentation constante. La superficie ensemencée, qui était, en 1846, de 202.431 hectares, atteignait, en 1895, 248.694 hectares et, en 1903, 285.614 hectares.

Cette céréale est particulièrement cultivée dans l'Ardenne et dans la Campine, où l'on trouve les variétés indigènes blanche et noire ainsi que l'avoine de Suède. Le rendement moyen à l'hectare est de 2.000 kil. de grains et de 3.500 kil. de paille.

La superficie consacrée au *seigle* tend, au contraire, à diminuer ; de 283.370 hectares en 1846 et en 1895, elle est passée, en 1903, à

253.642 hectares. On cultive, dans les Flandres, l'Ardenne, le Condroz et la Campine, les variétés indigènes et le seigle de Russie ; les rendements moyens à l'hectare sont de 2.400 kilos de grains et de 5.500 kilos de paille.

La culture du *blé* a subi une réduction encore plus considérable. Cette céréale, qui occupait 233.452 hectares en 1846, n'en couvrait plus, en 1895, que 180.377 et, en 1903, 164.342. On la rencontre surtout dans les Flandres et le Condroz, où on sème principalement le Halletroux, donnant un rendement moyen, à l'hectare, de 2.000 kil. de grain et 3.000 kilos de paille.

L'*orge*, qui est cultivée surtout dans la région des Polders, reste à peu près stationnaire, avec une tendance à diminuer d'importance. La surface qui lui était consacrée est passée de 39.704 hectares, en 1846, à 40.244 hectares en 1895 et à 32.271 hectares en 1903. La production est loin de suffire aux demandes de la brasserie qui, depuis 1870, a pris un développement considérable ; il existait en 1903, 3.319 brasseries, ayant produit 14.804.293 hectolitres de bière.

Quant au *sarrasin*, il n'occupait, en 1903, que 2.886 hectares.

Après les céréales, la culture la plus répandue en Belgique est celle de la *pomme de terre* qui couvrait, la même année, 146.379 ha. On la rencontre principalement dans les Flandres, l'Ardenne et la Campine, où on en cultive de nombreuses variétés. La production moyenne à l'hectare, exprimée en tonnes, est de 16, 1.

La *betterave à sucre* a pris un grand développement, tout en subissant, dans les dernières années, un léger fléchissement. Elle se pratique dans toute la région limoneuse et dans les terres argileuses des deux Flandres. La surface ensemencée qui, en 1846, était de 4.391 hectares, s'est élevée, en 1900, à 63.515 hectares, pour descendre, en 1904, à 44.302 hectares. Le rendement moyen à l'hectare varie entre 30.000 et 35.000 kilos de racines, possédant une richesse saccharine de 15 0/0 de sucre. Il existait, en 1903, 113 fabriques, ayant produit 190.034.851 kilos de sucre brut.

La *betterave fourragère* s'est également considérablement développée; alors qu'elle ne couvrait que 4.391 hectares en 1846, elle en occupe actuellement plus de 50.000. Le rendement moyen à l'hectare est passé, en même temps, de 29.000 kilos à plus de 51.000 kilos.

Parmi les autres cultures, citons la *chicorée d café*, couvrant 7.900 hectares et donnant des rendements de 27.000 à 35.000 kil. à l'hectare, les *féveroles* occupant 13.000 hectares, les *pois* 5,500, les *choux-fleurs* cultivés à Louvain et à Malines, la *chicorée de Bruxelles* ou « Witloof », obtenue par la culture forcée et qui fait l'objet d'un commerce d'exportation important, notamment en Angleterre et en France.

La Belgique avait, à l'exposition de Liège, un palais spécial consacré à l'agriculture, mais qui renfermait principalement des photographies, des monographies et des tableaux de statistiques du plus grand intérêt ; permettant de se rendre un compte exact de la situation agricole du pays.

La classe 39 ne comprenait qu'un petit nombre d'exposants, mais auxquels le jury a décerné 1 grand prix, 1 diplôme d'honneur et 2 médailles d'or.

Les Usines **J.-E. de Bruyn,** fondées en 1835 et établies actuellement à Termonde et à Baesrode pour la Belgique, à Wandsbeck (Hambourg) pour l'Allemagne, présentaient un assortiment complet de tourteaux de lin, de colza, de navette, d'œillette, d'arachide, de coprah, etc., ainsi qu'une collection d'huile de lin, de colza, de coprah, de graines exotiques diverses d'une préparation parfaite. Le jury a décerné à cette exposition un grand prix.

La Société anonyme des drogueries et huileries anversoises, qui exposait également des tourteaux pour l'alimentation du bétail et des huiles comestibles d'arachide, de sésame, d'œillette, etc..., a obtenu un diplôme d'honneur.

Citons également : la **Belgian Coprah oil Manufactory,** Société anonyme pour la fabrication des huiles de coprah et de tourteaux à Bruges, et la **Société anonyme Bucéphale,** à Anvers, exposant des fourrages mélassés, qui ont obtenu chacune une médaille d'or.

BULGARIE

La Bulgarie a une superficie totale de 9.634.550 hectares, sur lesquels 2.583.233 sont cultivés. Son climat est généralement tempéré et son sol, qui ne reçoit presque aucun engrais, est particulièrement fertile. Ce pays est essentiellement agricole, 70 0/0 de la population totale, évaluée à 3.310.000 habitants, s'adonnant aux travaux des champs. On n'y rencontre pas de grande culture; chaque famille cultive elle-même sa terre, dont l'étendue varie de 5 à 10 hectares.

Malgré le peu de développement de la science agricole, les rendements sont généralement élevés.

La culture des CÉRÉALES est la plus importante. Les surfaces occupées par chacune d'elles et la production ont été, en 1903, les suivantes :

	Hectares.	Quintaux.
Froment	807,489	9,675,405
Seigle	169,453	1,968,629
Méteil	98,321	1,328,379
Orge	228,898	2,781,089
Avoine	162,002	1,653,053
Épeautre	14,762	129,646
Maïs	487,966	5,800,610
Millet	22,029	230,244
Riz	4,046	44,391
Sarrasin	66	512

On voit que le froment est la céréale la plus cultivée, puis viennent le maïs, l'orge, le seigle, l'avoine et le méteil.

La Bulgarie ne consomme guère que 70 0/0 de sa production en céréales, elle exporte le surplus principalement en Belgique, en

Allemagne, en Angleterre, en Turquie, en France, en Autriche-Hongrie, en Italie et en Grèce.

La culture des LÉGUMINEUSES (pois, lentilles, haricots, etc...) est également importante. Elle occupait, en 1903, une superficie de 32.000 hectares, ayant donné 287.158 quintaux.

Les GRAINES OLÉAGINEUSES (colza, sésame) couvrent 10.000 hectares ; elles sont exportées en France, en Angleterre, en Belgique, en Allemagne, en Hollande et en Roumanie.

La culture de l'ANIS s'étend sur 1.416 hectares, on l'exporte en Turquie et principalement en France.

La Bulgarie exposait ses produits agricoles au rez-de-chaussée du pavillon qu'elle avait élevé au parc de la Boverie. Ces produits, groupés dans des expositions collectives classées par départements et par arrondissements, consistaient principalement en céréales diverses (blé, orge, avoine, seigle, maïs, millet, riz, etc...) n'ayant subi aucune manipulation et soumis au visiteur à l'état tout à fait naturel.

On remarquait également les haricots, vesces, pois et lentilles, ainsi que des échantillons de graines oléagineuses (colza, navette, sésame), d'anis et d'huiles (huile de sésame, huile de noix).

Le nombre des exposants était très important ; il s'élevait à 315, en ne comptant chaque collectivité que pour une unité. Le jury a décerné 86 récompenses, dont 1 grand prix, 13 diplômes d'honneur, 57 médailles d'or et 15 médailles d'argent.

Le diplôme de grand prix, avec félicitations du jury, a été attribué au **Ministère du Commerce et de l'Industrie** de Bulgarie. Cette haute récompense se justifie amplement par les efforts que ce ministère a faits, depuis de nombreuses années, pour développer l'agriculture dans le pays et favoriser l'exportation des produits du sol.

Les diplômes d'honneur ont été décernés à l'**Association des agriculteurs de Kazanlik** à la **Chambre de Commerce de Varna**, à Bourgas, et aux expositions collectives des **départements de Bourgas, Choumen, Tirnovo, Kustendil, Pleven, Plovdiv, Roustchouk, Sofia, Stara-Zagora, Varna et Vidin.**

ITALIE

L'Italie présente deux régions bien distinctes : au nord les plaines fertiles de la vallée du Pô, où l'agriculture fait sans cesse de nouveaux progrès ; au sud, la péninsule, très accidentée et ne comprenant que des plaines étroites, souvent marécageuses, où l'agriculture, malgré les nombreux perfectionnements des dernières années, est encore, en général, très arriérée.

Sur une superficie totale de 28.664.843 hectares, les terrains productifs occupent 20.283.000 hectares soit 70,76 0/0, les terrains improductifs 4.647.451, soit 16,21 0/0, et les terrains incultes 3.647.451, soit 13,03 0/0.

Parmi les terrains productifs (cultures, bois, pâturages), la superficie des terres arables s'élève à 15.419.000 hectares.

Le climat est, en général, méditerranéen, mais, dans la partie septentrionale, il se rapproche de celui du centre de l'Europe.

La population agricole forme, à peu près, la moitié de la population totale, qui est évaluée à 32 millions d'habitants.

Les *Céréales* : blé, seigle, orge, maïs et riz, sont cultivées dans un grand nombre de provinces, particulièrement en Sicile, en Toscane et à Naples, dans la Campanie. La culture du froment a fait de grands progrès depuis quelques années, en raison des défrichements et de la transformation de vignobles, détruits par le phylloxéra, en terres à céréales. Par suite de l'emploi d'instruments aratoires perfectionnés, de semences sélectionnées et d'engrais chimiques appropriés au sol, les rendements ont, en même temps, augmenté dans des proportions considérables.

La production qui avait été, en 1885, de 41.243.000 hectolitres s'est élevée, en 1903, à 65.000.000 ; le rendement moyen à l'hectare passant de 10 hl. 50 à 13 hl. 40. La récolte de 1904, un peu inférieure, est évaluée à 53.094.000 hectolitres, avec un rendement moyen de 13 hl. 30.

L'Italie est cependant encore loin de se suffire à elle-même et elle est obligée d'importer, chaque année, en grandes quantités, des blés qui proviennent presque exclusivement de Russie.

Le maïs, qui se cultive principalement dans la Toscane et la Lombardie, tient également une place importante dans l'agriculture italienne. Il couvre 1.688.000 hectares et la production par année est d'environ 31.000.000 hectolitres ; les populations des campagnes le consomment soit en pain, soit en bouillie ou polenta.

L'orge, qui se rencontre dans les mêmes régions, le seigle et l'avoine, qui se sèment surtout dans les parties basses des Apennins, ont une importance moindre.

Enfin la Lombardie et la Vénétie possèdent de nombreuses rizières qui ont produit, en 1904, 9.660.000 hectolitres de riz.

Les *pommes de terre*, les *légumes* et, principalement, les légumes secs, sont cultivés en abondance dans presque toute la péninsule.

La culture de la *betterave* a pris, depuis quelques années, principalement dans la Lombardie, une importance de plus en plus grande ; la surface emblavée a été, en 1905, de 37.500 hectares. La fabrication du sucre se fait à l'aide des appareils les plus perfectionnés ; elle occupe 34 usines.

La surface plantée en *oliviers*, qui était, en 1896, de 1.209.000 hectares, n'est plus actuellement que de 1.089.000 hectares.

La production en huile est très variable suivant les années, elle a été, pour 1903, de 3.260.000 hectolitres mais elle n'avait été, l'année précédente, que de 1.850.000 hectolitres, seulement. Les provinces les plus productives et fournissant l'huile la plus renommée sont celles de Lecce, de Pérouse et de Bari ; cette huile vaut de 90 à 110 fr. les 100 kilos. Il en est importé, chaque année, de grandes quantités en France qui sont mélangées avec nos huiles, toutefois cette importation a baissé considérablement depuis les progrès que la culture de l'olivier a faits en Tunisie et en Algérie.

En dehors de la vigne, dont nous n'avons pas à nous occuper ici, l'Italie tire des revenus importants de ses oranges, citrons, figues, châtaignes, pommes, prunes et fruits divers.

L'Italie n'avait envoyé à Liège que ses huiles d'olive ; elles lui ont valu une médaille d'or, 1 médaille d'argent et une médaille de bronze.

La médaille d'or a été attribuée à la maison **Clarici Domenico**, de Foligno, pour ses huiles d'une clarté et d'une pureté parfaites. La même récompense avait, d'ailleurs, été déjà remportée à l'exposition de Saint-Louis par cette maison.

GRAND-DUCHÉ DE LUXEMBOURG

Le Grand-Duché de Luxembourg n'a qu'une superficie de 259.000 hectares, sur laquelle les terres cultivées occupent 124.317 hectares. C'est un pays de petite culture ; les propriétés de moins de 10 hectares sont les plus nombreuses et on n'en compte même pas 900 dépassant 50 hectares.

Les cultures sont les mêmes qu'en Belgique.

Une médaille d'argent a été attribuée à **M. Paul Schoué**, fabricant de chicorée à Eich-les-Luxembourg, qui exposait des racines de chicorée séchées et torréfiées, ainsi que des chicorées en paquets. Cette importante maison fabrique, chaque année, environ 1.400.000 paquets de chicorée d'un poids de 350.000 kilos.

PAYS-BAS

La superficie totale du Royaume des Pays-Bas est de 3.255.531 hectares, sur lesquels environ 2.130.900 sont cultivés. Les prairies naturelles et artificielles dépassent 1.200.000 hectares et l'élevage, qui est très perfectionné, est une des richesses du pays.

Le climat est maritime, sauf dans la Frise et la Hollande orientale, et généralement humide.

La petite et la moyenne propriété prédominent.

La culture la plus importante est celle des *céréales*. Le blé, dont les emblavures tendent à diminuer, est cultivé dans la Zélande, le Brabant et le Limbourg; l'avoine dans le centre et le nord; l'orge dans l'ouest. La production est loin de suffire aux besoins de la population, évaluée à 5 millions d'âmes.

Les superficies occupées par les différentes céréales et les rendements, exprimés en hectolitres, ont été les suivants, en 1904 :

	Hectares.	Hectolitres.
Blé......................	54,081	1,558,538
Épeautre...............	209	9,651
Orge....................	30,884	1,270,786
Avoine..................	144,762	6,551,761
Seigle..................	216,092	4,763,378
Sarrasin................	21,768	295,834

Les *pommes de terre*, cultivées principalement dans les dunes et les plaines sablonneuses du nord-est, couvraient, la même année, 158.732 hectares, ayant donné un rendement de 37.273.883 hectolitres.

La culture des *légumes* et des *fruits* est très développée. Les jardins et les vergers occupent, au total, 80.000 hectares, mais chacun d'eux ne dépasse généralement pas 2 hectares et le travailleur agricole, qui leur consacre tout son temps, en obtient le rendement le plus élevé. La région la plus réputée pour les cultures fruitières et potagères est le Westland, voisine de la Haye ; elle est favorisée par un climat exceptionnel et un sol particulièrement riche.

La participation des Pays-Bas à l'Exposition de Liège était peu importante dans la classe 39. Le jury a décerné un grand prix et une médaille d'argent aux exposants.

Le grand prix a été attribué à **MM. Wessanen et Laan**, à Wormerveer. Cette maison, créée en 1765, avait déjà obtenu les plus hautes récompenses à Anvers en 1885, à Liverpool en 1886, à Bruxelles en 1888 et à Paris en 1900. Elle est connue sur tous les marchés du monde par son commerce de céréales et de tourteaux.

RUSSIE

La Russie d'Europe, non compris le Caucase, occupe une superficie immense, évaluée, en nombres ronds, à 5.300.000 kilomètres carrés.

Le climat y est sec et presque partout continental, très froid l'hiver et très chaud l'été, avec des variations brusques, excepté en Crimée, où il est plus tempéré.

Une partie considérable du sol appartient à l'Etat ou aux communes.

Malgré le développement de ses différentes industries, la Russie est, avant tout, un pays agricole.

La superficie des terres arables s'élève à 132.500.000 hectares, comprenant des plaines immenses; mais la population, qui manque d'ailleurs de l'esprit d'initiative et de progrès, est insuffisante pour les mettre en valeur.

La région du sud-est est la plus fertile, c'est là qu'on rencontre les terres noires ou *tchernoziom*, s'étendant sur 100 millions d'hectares.

Dans les grands domaines seulement, appartenant à l'Etat, aux communes ou à la noblesse, on emploie les machines agricoles, les engrais et les semences sélectionnées; le sol cultivé par les paysans donne des récoltes inférieures comme rendement et qualité.

Céréales. — La Russie tient le premier rang en Europe pour la production des céréales et elle n'est dépassée dans le monde que par les Etats-Unis.

La récolte totale (seigle, avoine, blé, orge et maïs) s'élève à près de 47 millions de tonnes, soit 21 0/0 de la production mondiale.

La répartition proportionnelle des différentes céréales, qui occupent ensemble environ 73 millions d'hectares, est la suivante :

	p. 100.		p. 100.
Seigle d'automne	36,8	Avoine	20
Seigle de printemps	0,8	Autres céréales	19,9
Blé d'automne	5,5	Cultures diverses	6,6
Blé de printemps	10,4		

Le SEIGLE, qui couvre 29 millions d'hectares, est la céréale la plus cultivée ; on le rencontre surtout sur les terres des paysans russes, dont le pain de seigle constitue la base de l'alimentation.

La Russie exporte, chaque année, en moyenne un million de tonnes de seigle.

L'AVOINE couvre environ 16 millions d'hectares. Elle sert à l'alimentation des chevaux et du bétail ; mais la majeure partie est destinée à l'exportation.

Le BLÉ est plus particulièrement cultivé dans les régions du sud et du sud-est, où se trouvent les terres noires. La Russie produit le froment d'automne et le froment de printemps ; les blés durs de printemps, d'une qualité supérieure, sont très recherchés. D'une manière générale, les blés de Russie sont, d'ailleurs, les plus riches du monde en gluten. Cette céréale couvre environ 12 millions 1/2 d'hectares. Plus de la moitié de la récolte, déduction faite des réserves pour les semences, est destinée chaque année à l'exportation.

L'ORGE n'occupe que 6 millions d'hectares. C'est la seule céréale qui puisse arriver à maturité sous le climat rigoureux de la région nord du pays. Un cinquième de la production est exporté à l'étranger.

Les autres céréales ne couvrent, ensemble, que dix millions d'hectares. Ce sont, par ordre d'importance : le *millet*, le *sarrasin*, et le *maïs*.

Malgré les faibles rendements, dus principalement à la pratique de la culture extensive, tout au moins sur les terres des paysans, la

Russie peut, comme nous l'avons vu, réserver une grande partie de sa récolte des céréales à l'exportation.

En 1904 les quantités exportées ont été les suivantes :

	Quintaux.	Valeur.
Blé................	46,022,886	689,770,470 fr.
Seigle.............	9,833,733	112,353,600
Orge...............	24,904,480	229,838,940
Avoine.............	8,838,157	97,951,620
Maïs..............	4,730,380	44,642,400
Sarrasin.......	322,850	4,360,110

Betteraves. — La culture de la betterave a pris, depuis 25 ans, une importance de plus en plus grande. Jusqu'en 1880, la Russie ne produisait pas une quantité de sucre suffisante pour répondre aux besoins de ses habitants. Depuis cette époque, la production s'est accrue dans de telles proportions que ce pays s'est classé parmi les nations exportatrices, ses débouchés les plus importants étant, en Europe : l'Allemagne, l'Autriche-Hongrie, l'Italie, l'Angleterre et la Turquie pour le sucre brut blanc ; et, en Asie, particulièrement la Perse et la Chine pour le sucre raffiné.

La betterave est cultivée dans la zone des terres noires et en Pologne. Son introduction amène une amélioration considérable des méthodes culturales et un accroissement sensible du rendement des céréales.

La Russie possède 276 fabriques de sucre. En 1904, il a été récolté 6.444.390 tonnes de betteraves et la production du sucre s'est élevée à 930.620 tonnes.

En 1905, la récolte des betteraves a atteint 7.885.240 tonnes et la production du sucre 1.001.820 tonnes.

La consommation du sucre, qui est d'environ 5 kilos par habitant, progresse parallèlement à la baisse des prix de cette denrée.

Les progrès apportés dans la culture permettront d'obtenir des rendements en betteraves supérieurs aux rendements actuels, qui varient de 16.000 à 32.000 kilos à l'hectare, ainsi qu'une richesse saccharine plus élevée.

L'a production du sucre en Russie semble donc devoir être appelée à se développer.

La Pomme de terre est surtout cultivée dans les provinces de l'Ouest et du Centre. Elle occupe plus de 3 millions d'hectares. Une partie de la production sert à l'alimentation des habitants, tout le restant est envoyé dans les distilleries ou les amidonneries.

La Russie avait organisé une exposition intéressante, comprenant principalement des céréales en gerbes et en grains et des tourteaux de graines oléagineuses. Le jury a décerné aux exposants quatre récompenses, dont deux médailles d'or et deux médailles d'argent.

La première des médailles d'or a été attribuée à M. le baron **A. N. Vrangel**, propriétaire d'un domaine à Terpélitzy (Gouvernement de Saint-Pétersbourg). La production de ce domaine consiste principalement en semences d'avoine, de seigle, d'orge et de froment qui sont l'objet d'un triage soigné avant d'être livrées aux acheteurs.

Parmi les produits exposés par cette maison, on remarquait des grains de seigle de Schlangenstedt, d'avoine suédoise « Terpelitzy », d'avoine suédoise de sélection, ainsi que des avoines et des seigles en gerbes.

M. **Jean Krougli Roff**, propriétaire d'une fabrique d'huile à Rosslawl, a obtenu la seconde médaille d'or pour ses tourteaux de lin dits « Paysans » et pour ses échantillons d'huile de lin et de chenevis.

SERBIE

La superficie totale du royaume de Serbie est de 4.830.260 hectares. L'étendue du sol cultivé s'accroît d'une façon continue; elle est passée de 1.503.229 hectares, en 1900, à 1.716.761 hectares en 1904.

Le pays, grâce à son climat plutôt tempéré et à la fertilité de son sol, est essentiellement agricole.

Sur une population de 2.492.882 habitants (recensement de 1900) 84.23 pour cent s'occupent exclusivement de culture ou d'élevage.

La Serbie est un pays de petite propriété, où la terre appartient à celui qui la cultive, ce qui explique les rendements relativement élevés des récoltes malgré les méthodes primitives de culture employées, le fumier de ferme étant à peu près le seul engrais usité.

Les Céréales occupent une superficie croissante, qui est passée de 976.071 hectares en 1900, à 1.664.430 hectares en 1904.

LE MAÏS est la céréale la plus cultivée ; elle fournit aux trois quarts de la population rurale le pain dont elle se nourrit et sert à l'engraissement des porcs, qui sont une des sources de richesse du pays. La surface qui lui est consacrée s'accroît d'une manière constante ; elle était, en 1904, de 540.890 hectares, mais le rendement tend à diminuer par suite des méthodes trop primitives de culture. Evalué à l'hectare, en quintaux à 11.78 en 1900, il n'était plus en 1902 que de 9.07 et, en 1904, de 4.91 seulement. Les variétés les plus répandues sont le maïs jaune et le maïs blanc.

Les exportations ont diminué avec les rendements ; après avoir été de 625.205 quintaux en 1900, elles sont tombées à 43.533 quintaux en 1903 et à 33.064 quintaux, d'une valeur de 294.895 francs, en 1904, qui, il est vrai, a été une année particulièrement mauvaise en raison de la sécheresse.

LE BLÉ vient immédiatement après le maïs au point de vue de l'importance. La surface qu'il occupait est passée de 310.032 hectares en 1900, à 366.399 hectares en 1904, dont 350.452 pour le blé d'hiver et 366.399 pour le blé de printemps. La production totale a été, aux mêmes dates, de 2.214.069 et de 3.177.734 quintaux.

La qualité tend à s'améliorer par suite de l'emploi de semences sélectionnées de blé hongrois.

Actuellement, la variété la meilleure est le blé rouge qui entre pour une grande part dans l'exportation. Celle-ci s'est élevée, en 1904, à 831.853 quintaux, d'une valeur de 12.772 francs, chiffres auxquels il convient d'ajouter 8.255 quintaux de farine, valant 162.302 francs.

La culture du SEIGLE est moins importante. Elle couvrait, en 1903, 42.546 hectares ayant donné 277.143 quintaux. Par suite de la sécheresse, la récolte ne s'est élevée, en 1904, qu'à 261.834 quintaux, bien que la surface ensemencée ait été de 45.119 hectares.

Le seigle est employé à la nourriture de la population. Le restant est exporté à l'étranger. Ces exportations ont été, en 1903, de 41.345 quintaux, d'une valeur de 353.131 francs et, en 1904, de 23.590 quintaux valant 215.419 francs.

L'ORGE est une des cultures les plus importantes de la Serbie, le sol et le climat du pays lui étant très favorables. On rencontre surtout l'orge à quatre rangs et l'orge à six rangs. Le grain est employé pour la nourriture du bétail et pour la fabrication du malt dans les brasseries du pays. Il constitue également un article important d'exportation.

En 1903, la surface emblavée a été de 95.064 hectares et la récolte s'est élevée à 745.537 quintaux. L'exportation a été de 121.251 quintaux, valant 1.007.408 francs.

En 1904, sur une surface de 98.998 hectares, on n'a récolté que 688.549 quintaux et on n'a exporté que 90.385 quintaux, valant 900.602 francs.

L'AVOINE est cultivée presque partout ; outre l'espèce indigène on trouve quelques variétés étrangères (triumpf, ligovo, sibérien, probstaier, etc.).

Elle couvrait, en 1903, 108.281 hectares et, en 1904, 104.868. Les rendements, pour ces deux années, ont été, respectivement, de 5.327.397 francs et de 3.817.690 francs.

Cette céréale sert à la nourriture du bétail et des chevaux. Les exportations se sont élevées, en 1903, à 65.493 quintaux valant 556.281 francs et, en 1904, à 75.844 quintaux, d'une valeur de 621.716 francs.

L'ÉPEAUTRE, le MILLET, le SARRASIN sont peu cultivés. Leur exportation totale a été, en 1903, de 2.580 quintaux, représentant une valeur de 10.000 francs.

Légumineuses. — Parmi les légumineuses, *le haricot* a une importance spéciale, car il constitue la nourriture préférée des populations agricoles et urbaines. Il est, en outre, exporté en grandes quantités, principalement les variétés suivantes : petit blanc, blanc rond, blanc oval, blanc plat, blanc en forme de rognon. Il est semé seul ou comme plante accessoire, dans les intervalles laissés par les tiges de maïs.

En 1903, le haricot couvrait, au total, 189.372 hectares et la quantité récoltée a été de 305.097 quintaux, valant 2.882.964 francs. En 1904, pour une surface de 169.384 hectares la récolte, toujours par suite de la sécheresse, ne s'est élevée qu'à 131.485 quintaux d'une valeur de 2.882.964 francs.

La *lentille* et le *pois* sont, par contre, peu cultivés en Serbie et la production ne suffit pas aux besoins du pays.

La Pomme de terre est uniquement employée pour la nourriture du peuple, elle n'entre pas dans celle du bétail et il n'existe pas d'industries pouvant l'utiliser, aussi n'occupe-t-elle que 10.000 hectares. Le rendement moyen est de 45 quintaux à l'hectare.

La Betterave à sucre n'a été cultivée qu'en 1900 et 1901, tant que la fabrique de sucre de Belgrade a travaillé.

La superficie ensemencée avait été, en 1900, de 700 hectares et, en 1901, de 1.500 hectares, avec un rendement moyen de 250 quintaux par hectare.

Fruits. — La culture des arbres à fruits, et particulièrement du prunier, constitue une des branches les plus importantes de l'agriculture serbe. Les pruneaux du pays sont renommés et constituent un article d'exportation important.

L'exposition de la Serbie présentait un réel intérêt, tant par son importance que par la qualité des produits soumis à l'appréciation du jury.

Sur 93 exposants, 83 ont obtenu des récompenses, dont 2 grands prix, 1 diplôme d'honneur, 9 médailles d'or, 11 d'argent et 60 de bronze.

Les deux grands prix ont été décernés au Ministère de l'Agriculture de Serbie et au Domaine royal de Topchider.

Le **Ministère de l'Agriculture** présentait des échantillons de maïs et de froment, notamment de blé rouge du pays, d'une qualité supérieure.

Le **Domaine royal de Topchider**, qui est la première école d'agriculture et de sylviculture de l'Etat, fondée en 1852, avait exposé une collection d'échantillons de céréales : seigles d'hiver, orges de brasserie, épeautre, avoine, millet et sarrasin, ainsi que de légumineuses : lentilles et haricots, ces derniers, dont la culture présente une si grande importance en Serbie, étaient de la meilleure qualité. On a vu la quantité considérable de la récolte de chaque année, destinée tant à la consommation intérieure qu'à l'exportation.

Citons enfin l'exposition de la **Pépinière de l'arrondissement de Nisch**, qui a obtenu un diplôme d'honneur.

ASIE

—

CHINE

L'empire chinois a une étendue de 1.100 millions d'hectares environ, sur lesquels les montagnes et les déserts occupent 600 millions et les steppes, propres seulement à la pâture, 100 millions. Le restant, soit 400 millions d'hectares, qui forme d'ailleurs la Chine proprement dite, comprend des alluvions et des terres fertiles, notamment le *lœss* ou terre jaune, d'une énorme épaisseur dans le Kan-Sou et le Chan-Si.

Le climat, qui est continental dans le nord, avec des étés très chauds et des hivers rigoureux, est presque tropical dans certaines régions du sud.

Plus de 400 millions d'habitants s'entassent dans ce pays surpeuplé.

L'agriculture, considérée comme l'unique source de la richesse, y est particulièrement en honneur. On sait que, d'après un antique usage, l'Empereur, vêtu en paysan, doit, chaque année, labourer de sa propre main trois sillons.

L'excessive division de la propriété et la pratique de la culture intensive permettent seules d'assurer la subsistance de la population. La mise en valeur de terres considérées comme peu productives ou incultes, en s'appuyant sur les découvertes de la science agronomique, permettrait cependant d'obtenir des rendements bien plus considérables.

La Chine produit en abondance des CÉRÉALES, principalement dans le centre, où l'on rencontre les terres jaunes.

Le riz, ainsi que le thé, la canne à sucre et les cultures fruitières prospèrent dans la région du sud, particulièrement dans la vallée du Si-Kiang, au climat chaud, humide et presque tropical.

LA POMME DE TERRE est cultivée en grand dans le centre. Les légumes se trouvent partout en abondance.

LE RIZ demande à la fois beaucoup d'eau et beaucoup de chaleur. On le cultive en Chine de la manière suivante. Vers le mois d'avril on place les graines dans des pots, au fond perforé, et on y jette journellement de l'eau, jusqu'à ce que les graines se mettent à germer, ce qui dure environ un mois. Quand les bourgeons semblent vigoureux, on les sème en couche épaisse sur une plate-bande, recouverte d'engrais liquide, et lorsqu'ils ont atteint de 3 à 5 pouces, on les transplante dans des champs inondés qui bientôt se couvrent de verdure. Ces champs restent sous l'eau jusqu'en septembre, époque de la moisson.

Le grain est alors coupé, battu, vanné et séché au soleil. On fait deux récoltes par an.

La Chine est le pays d'élection du THÉ. Le théier est un arbuste touffu et rabougri, poussant sur le sommet et le flanc des coteaux. Il aime les régions où les pluies sont courtes mais fréquentes et où le sol est sablonneux et friable. On le rencontre principalement dans les provinces du Houpé, du Hounan, du Kiangsi, du Foukien, du Tchékiang et du Kwantoung. Cultivé, il ne dépasse pas un mètre en hauteur.

On cueille les feuilles deux ou trois fois par an ; mais la première récolte, qui a lieu en avril, et une très petite partie seulement de la seconde sont expédiées à l'étranger ; les autres donnent des thés grossiers, consommés dans le pays même.

Le thé noir et le thé vert qu'on trouve dans le commerce proviennent du même arbre ; leur couleur différente dépend uniquement du mode de préparation des feuilles. Le séchage, la cuisson et le pressurage sont plus prolongés lorsqu'on veut obtenir le thé noir. Le thé vert contient beaucoup plus d'huile et de sève et a plus d'amertume.

LE THÉ CONGOU, dont le nom est connu partout, signifie « habile-

ment travaillé », mais on désigne ordinairement les différents thés d'après les régions d'où ils proviennent.

La poussière de thé, résultant du tamisage des feuilles desséchées, est comprimée dans des moules, au moyen de presses hydrauliques puissantes, et donne les *tablettes de thé*, qui sont conservées dans du papier d'étain. Les *briques de thé* vert ou noir sont obtenues par le même procédé, mais la poussière de thé, plus ténue, a besoin, pour pouvoir être moulée, d'être humectée au moyen de vapeur d'eau, ce qui lui enlève une grande partie de son arome.

L'*Huile de thé*, que l'on extrait des graines du théier, est excellente pour l'éclairage.

La section chinoise comprenait les produits envoyés par les directeurs des douanes des différentes villes de l'empire ouvertes au commerce étranger.

On remarquait principalement des échantillons de céréales (blé, orge perlé, maïs, millet, sorgho) de riz blanc et rouge, de fèves (blanches, vertes, jaunes, tachetées noires), de pois (verts et jaunes), d'huiles d'arachide, de sésame, de pavot, de colza, de ricin, de thé, d'anis, enfin des échantillons de thés vert ou noir, de tablettes et briques de thé.

Le jury a décerné un grand prix à l'exposition du Gouvernement de la province de Hakow.

JAPON

Le Japon se compose d'une série d'îles montagneuses et volcaniques, couvertes de nombreuses forêts.

Les terres arables n'occupent que 15,7 0/0 de la surface totale du pays, évaluée à 417.000 kil. carrés (non compris l'île de Formose).

La population, très dense, s'élevait, en 1903, à 46 millions d'âmes. Pour se nourrir, malgré leur frugalité et l'appoint considérable il est vrai de la pêche, les habitants sont obligés de cultiver la terre avec beaucoup de soin. Le Japonais emploie de grandes quantités d'engrais naturels et chimiques et travaille à fond le sol, ce qui lui permet d'obtenir une production abondante et souvent deux récoltes dans l'année sur le même champ.

La culture du *riz* est la plus importante. Elle occupe 2.800.000 ha. dans les régions basses et humides pouvant être submergées facilement, ainsi que dans certaines parties hautes où le drainage est bon. La superficie qui lui est consacrée est restée la même depuis 1895, mais le rendemet s'est accru de 30 0/0. La récolte de 1905 est évaluée à 90 millions d'hectolitres.

Dans les parties chaudes de l'empire, on obtient comme seconde récolte dans l'année, après le riz, soit de l'orge, soit du colza, soit du navet ou du trèfle.

Les *céréales* couvrent 1.750.000 hectares. Le rendement, depuis 1895, est demeuré le même. La production, pour l'orge, le seigle et le froment additionnés, est de 36.000.000 d'hectolitres.

Les autres céréales sont le sarrasin (2.200.000 hectolitres en 1905), le millet 700.000 (hectolitres) et le sorgho.

Parmi les autres cultures il y a lieu de mentionner la *canne à sucre*, les *fèves* dont la récolte a été de 7.500.000 hectolitres en 1904, les *lentilles* (1.780.000 hectol.), le *colza* (2.200.000 hectol.) le *haricot rouge*, les *pommes de terre* (260 millions de kilos), les *patates* douces, les *arachides*.

Une mention spéciale doit être faite pour le *thé*. L'arbre à thé est ordinairement planté sur les flancs des collines et dans les dunes sablonneuses. Il constitue, principalement pour l'exportation, une des cultures les plus importantes. En 1903, il a été exporté pour plus de 13 milions de yens de thés verts et pour plus de 290.000 yens de thés noirs (le yen valant 2 fr. 58).

L'exposition du Japon, dans la classe 39, était une des plus importantes et des mieux présentées. On y remarquait spécialement des échantillons de riz, de thés, de menthes et d'huile de menthe.

Le jury a attribué aux exposants 2 grands prix, 2 diplômes d'honneur et une médaille d'or.

La **Nippon Seimai Kabushiki Kaisha**, société des exportateurs de riz à Khobé, présentait un ensemble remarquable de différentes variétés de riz qui lui ont valu un grand prix.

L'Association des marchands de riz de Bocho, à Yamaguchi, a reçu la même récompense pour ses riz non débarrassés de son. Elle avait d'ailleurs déjà obtenu les plus hautes récompenses aux Expositions de Chicago et de Saint-Louis.

Signalons encore les expositions de l'**Association pour cultures spéciales de Totomi à Hamamatsu** et de la **Société d'agriculture du département de Kanagawa à Yokohama**, qui présentait des huiles et des tourteaux d'arachides récoltées dans ce département. Ces deux associations ont obtenu des diplômes d'honneur.

PERSE

La Perse est constituée par un plateau entouré de montagnes. Elle mesure environ 1.646.000 kil. carrés, mais 80 0/0 seulement de son sol sont cultivés, par suite du manque d'eau dans les régions désertiques et de l'insuffisance de la main-d'œuvre. La terre appartient rarement aux cultivateurs ; la majeure partie est la propriété de l'Etat, des mosquées ou de riches particuliers qui afferment leurs domaines à des intendants, lesquels s'engagent, par contrat, à fournir un loyer en argent et en nature.

En raison de la diversité de son climat, changeant suivant les régions, la Perse produit des récoltes variées.

La partie la plus fertile est celle avoisinant la Caspienne. Presque partout, d'ailleurs, les méthodes de culture sont des plus primitives, le labour se fait avec un araire sans versoir, muni d'un simple soc, la moisson avec la faucille. Les engrais ne sont employés que dans les potagers.

Les irrigations, par contre, sont assez développées.

Parmi les céréales, le *froment* occupe la première place. La superficie qui lui est consacrée, dans chaque village, est des 3/5 environ des terres cultivées. Le surplus de la récolte, qui n'est pas consommé sur place, est exporté en Angleterre.

L'*orge*, dont on rencontre une variété à deux rangs, vient en seconde ligne. Elle donne des rendements moyens de 1.200 à 1.500 kilos à l'hectare. On l'emploie principalement à l'alimentation du cheval.

Le *seigle* et l'*avoine* ne sont presque pas cultivés.

Le *maïs* est également très peu répandu. Dans certaines régions il sert à faire du pain ou à nourrir les chevaux ; mais on lui préfère en général pour ces usages le *soryho*.

Le *riz* occupe une place importante. On le cultive particulièrement près du littoral de la Caspienne et dans le sud. Les variétés les meilleures sont le riz « sadri », d'origine indienne, et le riz « rasmi » à gros grains. Les rendements atteignent 35 hectolitres à l'hectare.

La *canne à sucre* fournit un sucre de qualité inférieure et qui ne suffit pas à la consommation locale.

La culture de la *betterave sucrière* est peu développée, mais les rendements en sucre obtenus sont excellents. Quant à la betterave fourragère elle est inconnue.

La *pomme de terre* n'a été introduite en Perse que depuis quelques années seulement. Les rendements sont généralement faibles.

Le *thé*, dont l'introduction est également récente, trouve au sud de la Caspienne des terrains favorables.

Parmi les légumes, les *fèves*, les *pois chiches*, les *lentilles*, les *haricots* sont cultivés pour l'alimentation des habitants. Des soins tout particuliers sont donnés aux *melons*, *pastèques* et *concombres*.

Les *fruits* se rencontrent partout où les irrigations sont possibles. Le *dattier* croît dans le sud et sur le plateau d'Iran.

La participation de la Perse à l'exposition de Liège était importante. Dans le pavillon persan étaient agréablement présentés des échantillons variés de céréales, de riz et de thés.

Il a été accordé aux exposants 1 grand prix, 2 médailles d'or et deux médailles d'argent.

Le grand prix a été décerné au **Gouvernement impérial persan**. Les deux médailles d'or ont été attribuées à une collection de céréales et à des échantillons de différentes variétés de riz d'une qualité supéricure.

AFRIQUE

ÉTAT INDÉPENDANT DU CONGO

L'Etat indépendant du Congo, issu de l'Association internationale africaine, fondée en 1876, est placé, depuis le 26 février 1885, en vertu de l'acte général de la Conférence de Berlin, sous la souveraineté personnelle du roi des Belges.

Le marché ainsi ouvert à la Belgique est immense.

L'Etat du Congo a exporté, en 1904, pour 64 millions de marchandises, dont 52 millions provenant du commerce spécial de l'Etat et le surplus des colonies voisines.

Les importations de marchandises européennes ont atteint, la même année, le chiffre de 28.631.790 fr. contre 11.854.021 fr. en 1894. En dix années elles ont, par suite, presque triplé.

La Belgique a une part considérable dans ces échanges.

Le jury a attribué une médaille d'or à **MM. Eugène et Jules Claude**, fabricants d'huile à Bruxelles, qui exposaient des huiles principalement destinées à l'exportation et d'une fabrication irréprochable.

MAROC

Le Maroc, tant par sa situation géographique que par sa constitution géologique, est la prolongation naturelle de l'Algérie.

Toutefois le système montagneux y est plus développé et beaucoup plus élevé, certaines cimes atteignant 4.500 et 4.700 mètres. Les cours d'eau y sont également plus nombreux et plus importants. Même pendant l'été ils peuvent être utilisés pour l'irrigation.

Le Maroc possède, d'ailleurs, des plaines fertiles et constitue la partie de l'Afrique du nord la plus favorable à la culture ; on y trouve notamment des terres à blé de premier ordre. Les tribus pillardes qui l'habitent sont malheureusement loin de tirer du sol les récoltes qu'il pourrait produire, en outre elles exercent plus volontiers l'art pastoral que la culture.

Les produits de la terre sont les mêmes qu'en Algérie ; les légumes secs constituent un des principaux articles du commerce marocain. Les dattes de l'Oued Draa sont renommées. Il est impossible d'ailleurs, actuellement, d'évaluer l'importance des différentes récoltes.

Le **Gouvernement marocain** a obtenu une médaille d'argent pour son exposition, qui comprenait principalement des échantillons de diverses céréales et des échantillons de graines d'anis.

AMÉRIQUE

—

BRÉSIL

Le Brésil s'étend sur une superficie de 800 millions d'hectares, dont la moitié est couverte d'immenses forêts. Le restant comprend de grandes prairies et des terres cultivées. Mais la population, qui n'est encore que de 22 millions et demi d'habitants, est insuffisante pour mettre en rapport cet immense territoire.

Le climat, généralement chaud et humide, est favorable à la végétation.

Les principales cultures alimentaires sont : le café, le riz, la canne à sucre, le manioc, le cacao, la vanille, le maté.

La production du café a été, en 1904, de 11.880.000 balles (de soixante kilogr.) et, en 1905, de 10.875.000 balles.

L'exportation de cette denrée tend à diminuer. De 14.759.000 balles en 1901 elle est tombée, en 1904, à 10.024.000 balles d'une valeur de 19.957.569 francs.

La maison **Luiz Monteiro da Silva**, à Santo Paulo, a obtenu une médaille d'argent pour ses échantillons de café de la meilleure qualité.

CANADA

La superficie du Canada est immense, elle atteint 3.745.574 milles carrés, mais les régions glacées, les forêts et les terrains incultes ou en friche couvrent une partie considérable du pays.

Dans les provinces où se pratique la culture, les hivers sont froids et secs, les étés chauds et clairs. La neige protège d'ailleurs les céréales d'automne contre la gelée. Les provinces limitrophes de l'Océan, tant à l'est qu'à l'ouest, jouissent d'un climat plus doux et plus humide par suite de l'influence des courants d'eau chaude.

La population du Canada est actuellement d'environ six millions d'habitants. Elle est tout à fait insuffisante pour assurer la mise en valeur du pays, qui pourrait en faire vivre cent millions. Des concessions de terres attirent cependant chaque année de nouveaux colons; mais la superficie actuellement cultivée n'est encore que de 30.167.000 acres. Presque tous les agriculteurs sont propriétaires de la terre qu'ils cultivent.

L'agriculture est d'ailleurs la première industrie du pays. Elle occupe à elle seule plus de bras que toutes les autres réunies.

La valeur totale de la propriété agricole (terres, maisons, bétail, instruments aratoires) est évaluée à 1.500.000.000 de dollars et la valeur annuelle de tous les produits agricoles à 363.000.000 de dollars.

Céréales. — Le Canada possède des terres à céréales de premier ordre.

Le blé constitue la culture la plus importante. On le rencontre dans presque toutes les provinces, mais particulièrement dans le Manitoba, dans l'Ontario et les territoires du nord-ouest.

La superficie ensemencée en blé, au Manitoba, a passé de 1.003.640 acres en 1893, ayant donné 15.615.923 boisseaux, à 2.442.873 acres, en 1903, ayant donné 40.116.878 boisseaux de grains. La récolte de l'année 1903 avait été, d'ailleurs, inférieure à celle de 1902 qui s'était élevée à 53.077.267 boisseaux, pour une surface de 2.039.940 acres.

Le rendement moyen varie de 20 à 28 boisseaux à l'acre, mais, dans certaines régions, les rendements dépassent 40 boisseaux.

Dans les territoires du nord-ouest, pour une étendue ensemencée de 837.234 acres, la récolte a été, en 1903, de 16.029.149 boisseaux.

Dans l'Ontario on a récolté, en 1902, 26.830.693 boisseaux.

La récolte totale annuelle du Canada dépasse 96 millions de boisseaux.

Ces immenses récoltes, destinées principalement à être réexpédiées plus tard en Europe, au fur et à mesure des besoins, sont emmagasinées dans des élévateurs. On compte, à l'ouest du lac Supérieur, 1.003 élévateurs, d'une capacité totale de 40.778.000 boisseaux. Dans l'est il existe également des élévateurs ayant, ensemble, une capacité de 12.500.000 boisseaux et on en bâtit actuellement dans les différents ports. Le plus grand élévateur se trouve à Fort William, sur le lac Supérieur; il peut contenir 3.200.000 boisseaux.

En vue de permettre l'extension de la culture du blé des études se poursuivent au Canada, afin de trouver des variétés de plus en plus précoces, pouvant arriver à maturité même dans les régions où le climat est le plus rigoureux et la belle saison la plus courte. Des croisements entre le *Fife rouge*, variété du pays, et des variétés de Russie et de l'Himalaya ont donné des blés comme le *Preston*, le *Stanley*, l'*Early-Riga*, ayant pu mûrir neuf jours plus tôt que le *Fife rouge*.

L'avoine est également très cultivée pour la nourriture du bétail. Dans l'Ontario on lui consacre près de 3 millions d'acres et la récolte, en 1902, a été de 106.431.439 boisseaux.

Les provinces où cette céréale est la plus répandue sont, ensuite, le Manitoba et la province de Québec, qui en récolte, chaque année, de 33 à 34 millions de boisseaux.

La production totale annuelle du Canada dépasse 198 millions de boisseaux.

L'orge se rencontre principalement dans les mêmes provinces.

La récolte, évaluée en boisseaux, s'est élevée, en 1902, dans l'Ontario, à 21.890.602; dans le Manitoba à 11.848.422, et, en 1901, dans la province de Québec, à 2.535.597.

Le chiffre total, pour les différentes provinces du Canada, dépasse 37 millions de boisseaux.

Le maïs, le seigle et le sarrasin ont une importance moindre.

Les pommés de terre sont ensemencées dans tous les territoires, mais les récoltes les plus abondantes sont celles de l'Ontario et de Québec (18 millions de boisseaux en moyenne chacun), du Nouveau-Brunswick, de la Nouvelle-Ecosse, de l'Ile du Prince Edouard et du Manitoba (4 millions de boisseaux en moyenne chacun).

La betterave est cultivée aussi en grande quantité dans l'Ontario, la province de Québec et les territoires de l'ouest.

Parmi les autres cultures signalons les *pois*, les *fèves* et les *navets*, les *patates*.

Les arbres fruitiers se rencontrent surtout dans la Nouvelle-Ecosse, l'Ile du Prince Edouard et la Colombie britannique, qui jouissent d'un climat plus doux par suite du voisinage des courants marins. Les pommes et les poires, tant fraîches que séchées, font, notamment, l'objet d'un important commerce d'exportation.

Exportations. — Le Canada tire sa richesse de l'exportation de ses produits agricoles à l'étranger. Le chiffre de ses exportations varie chaque année suivant l'importance de ses propres récoltes et suivant les besoins qui se manifestent sur les différents marchés du monde.

Le plus important de ces marchés est la Grande-Bretagne, puis viennent l'Afrique du Sud, le Japon, la Chine et les Antilles anglaises. Le commerce avec l'Afrique du Sud, notamment, s'est considérablement développé depuis la création d'une ligne directe de navigation avec ce pays. Les grains et les farines constituent l'article d'exportation le plus important.

Le tableau suivant indique la valeur totale, exprimée en dollars, des exportations du Canada en 1901, 1902 et 1903, pour les principaux produits agricoles alimentaires d'origine végétale.

	1901. dollars.	1902. dollars.	1903. dollars.
Blé	6,871,939	18,688,092	24,566,703
Farine	4,015,226	3.968,850	4,699,143
Avoine	2,490,521	2,052,559	2,583,151
Farine d'avoine.	467,807	344.332	537,002
Pois	2,674,712	1,805,718	1,052,743
Fruits	2,006,235	1,922,304	3,689,662

Le **Gouvernement du Canada** avait organisé à Liège, dans un élégant pavillon, une exposition collective de ses produits. La classe 39 y occupait la place la plus importante. Des gerbes de céréales, disposées avec un goût parfait, formaient un cadre champêtre du plus bel effet.

Toutes les céréales que produit le pays : blé tendre et blé dur, avoine, orge, seigle, sarrasin, maïs, étaient exposées en épis et en grains.

Le jury a apprécié leur qualité tout à fait supérieure et c'est à l'unanimité qu'il a décerné un grand prix à cette remarquable exposition qui constituait le joyau des sections agricoles des différents pays représentés à Liège.

RÉPUBLIQUE DOMINICAINE

La Républicaine dominicaine, qui occupe la partie est de l'île de Saint-Domingue, à une superficie de 48.577 kilomètres carrés et une population d'environ 557.000 habitants. Son climat est tropical. Parmi les produits du sol il convient de signaler particulièrement la canne à sucre, le café et le cacao.

Ce pays présentait de nombreux échantillons de ces deux derniers produits, d'une qualité supérieure, pouvant lutter avec les meilleures marques des Antilles et de l'Amérique centrale.

Sur 14 exposants, 5 ont remporté des médailles d'or, 6 des médailles d'argent et 3 des médailles de bronze.

Il convient de signaler les cafés de **M. José R. Payan**, de la province de Seibo, et les cacaos exposés par **M. F. Goussard**, de Higuey, par la **Commission provinciale de Seibo** et les communes de **San Cristobal** et de **Licey**.

En résumé, on voit que la classe 39 occupait à l'exposition de

Liège une place importante. Dix-neuf nations y figuraient et chacune d'elles avait tenu à présenter des échantillons des produits les plus réputés de son sol.

Nos agriculteurs, nos industriels et nos commerçants, bien que la plupart d'entre eux n'eussent pas un intérêt direct à participer à cette manifestation pacifique, avaient cependant organisé des expositions remarquables, et, grâce à leurs efforts, auxquels nous sommes heureux de rendre ici un juste hommage, l'exposition de Liège a été, non seulement pour notre industrie proprement dite, mais pour notre agriculture, un véritable succès.

TABLE DES MATIÈRES

Poitiers. — Imprimerie Blais et Roy, 7, rue Victor-Hugo.